国家精品在线开放课程配套教材 | 大学生素质教育教材

# 企业环境健康安全风险管理

### 第二版

华东理工大学EHS校友会　组织编写

修光利　李　涛　主　编

徐新良　郁　建　马立强　副主编

·北京·

## 内容简介

《企业环境健康安全风险管理》（第二版）围绕企业生产经营活动中存在的环境、健康与安全的风险，阐述了风险识别、风险评估和风险控制的基本理念和方法，从产品安全、职业健康、工艺安全、环境保护、公共安全、事故与应急、实验室安全等七个方面，介绍了相关的法律法规标准以及最新的企业实践，并结合实际案例，对企业的环境、健康与安全风险防范等提出了意见和建议。同时，针对高校以及科研单位，从操作层面介绍了实验室的危害识别、个体防护、应急救援等内容。

《企业环境健康安全风险管理》（第二版）是上海市高校优质在线课程配套教材，是高等院校大学生环境、健康、安全（EHS）素质教育的首选教材，也是全日制工程硕士培养的参考教材，还可作为广大企事业单位以及政府监管部门环境、健康、安全（EHS）的培训教材。

**图书在版编目（CIP）数据**

企业环境健康安全风险管理/华东理工大学 EHS 校友会组织编写；修光利，李涛主编. —2 版. —北京：化学工业出版社，2020.12 （2024.2重印）
大学生素质教育教材
ISBN 978-7-122-37602-2

Ⅰ.①企…　Ⅱ.①华…②修…③李…　Ⅲ.①企业环境管理-安全管理-风险管理-高等学校-教材　Ⅳ.①X322

中国版本图书馆 CIP 数据核字（2020）第 157774 号

---

责任编辑：杜进祥　高　震　　　　　　文字编辑：林　丹　段曰超
责任校对：刘　颖　　　　　　　　　　装帧设计：韩　飞

---

出版发行：化学工业出版社（北京市东城区青年湖南街 13 号　邮政编码 100011）
印　　装：三河市延风印装有限公司
710mm×1000mm　1/16　印张 14½　字数 265 千字　2024 年 2 月北京第 2 版第 5 次印刷

---

购书咨询：010-64518888　　　　　　　售后服务：010-64518899
网　　址：http://www.cip.com.cn

---

定　　价：35.00 元

# 《企业环境健康安全风险管理》（第二版）
# 编写人员

**主　编**　修光利　李　涛

**副主编**　徐新良　郁　建　马立强

**参编人员**（以姓氏拼音排序）：

| | | | |
|---|---|---|---|
| 陈晶晶 | 陈少波 | 陈轶伦 | 陈　喆 |
| 戴　澐 | 董明哲 | 化艳娇 | 皇甫平燕 |
| 黄　艳 | 暨旬鹤 | 贾祥臣 | 雷子蕙 |
| 李群英 | 李　洋 | 梁承刚 | 刘　东 |
| 刘　敏 | 路　文 | 路青艳 | 马海南 |
| 钱立忠 | 邱雨雯 | 任　毅 | 单诚杰 |
| 沈辰峰 | 史　朔 | 王　飞 | 魏　华 |
| 吴　雁 | 吴荣良 | 奚　骏 | 夏永强 |
| 谢　静 | 徐宏勇 | 徐燕晓 | 许家福 |
| 杨丹丹 | 殷太宁 | 尹　恋 | 俞　雁 |
| 袁立志 | 袁志涛 | 张　盼 | 张　奕 |
| 赵　康 | 赵海升 | 赵利红 | 赵玉璞 |
| 赵志敏 | 郑洁华 | 周纪标 | 朱　莉 |
| 朱小中 | 朱　艳 | | |

# 序　言

突如其来的"新冠疫情"凸显了化学工业对我国经济社会发展的支柱作用，但 2019 年 3 月 21 日的盐城化工厂爆炸事故，导致全国"去化工"浪潮暗潮汹涌，化工企业如何与周围社区公众之间营造一种和谐的合作关系成为我国化工行业亟待解决的一道难题。破解这一难题的关键就在于建立和健全化工行业的环境、健康和安全（EHS）管理体系。正如清华大学赵劲松教授指出的，导致上述困境的根源就在于在企业和城镇发展过程中，没有把伦理作为核心，没有把公众的健康、安全和福祉放在首位。因此培养高校学生的 EHS 伦理观应该成为我国高等教育内涵式发展的重要内容之一。

十年前，华东理工大学 EHS 校友会的初创者们满怀着对化工行业发展的高度忧思，对母校深厚的"反哺之情"开创了国内高校首个"企业 EHS 风险管理基础"系列课程，从零散讲座到九大模块，从选修课程到必修课程，一路走来，累计受益学生已经逾万人。这种"责任关怀"的精神感召着每一位参与者，也将 EHS 理念融入每一位受益学生的血脉中。如今，2010 年受益的学生已经开始走上了讲台，"反哺之情"在华东理工大学 EHS 人中得以一代代传承，并发扬光大。华东理工大学 EHS 校友会在我国高等教育内涵式发展道路上亮出了"华理名片"，给出了华理的解决方案。

"企业 EHS 风险管理基础"课程于 2018 年获评国家精品在线开放课程，2019 年在原有工艺安全、环境保护、运输安全、职业健康、社区应急、产品监管以及公共安全的基础上，加入了实验室安全模块。该课程始终践行以浅显的语言、丰富的案例，将 EHS 行业的基本知识和风险管理的技能，灌输到每一位学生的心田，使得每一位未来的工程师认识到"以造福人类和可持续发展为理念的工程师，才能在面临着伦理冲突时做出正确的判断和选择"。

习近平总书记高度重视生态文明建设，将其看作是关系中华民族永续发展的根本大计。生态兴则文明兴，生态衰则文明衰。作为国民经济支柱产业的化工行业如何融入我国的生态文明大潮中，是我们每一位化工从业者应当思考的命题。所以当受邀为《企业环境健康安全风险管理》（第二版）撰写序言之时，我欣然接受。华东理工大学 EHS 校友会的志愿者们以"板凳甘坐十年冷，文章不写半句空"的精神，不停地推敲打磨《企业环境健康安全风险管理》这本教材，为我国由化学工业大国走向化学工业强国添砖加瓦。我国化学工业人才的培养也应当从强调工具理性向突出价值理性方向提升和转移，以推动和促进我国生态文明建设的全面进步，让化学工程更好地服务社会、造福人类。

中国工程院院士、华东理工大学副校长　钱锋教授

2020 年 8 月 8 日

# 序言（第一版）

环境、健康和安全（EHS）是发展化工的核心问题，对其重要性的认识也越来越深刻。2016 年，我国发布了《健康中国 2030 规划纲要》，将环境与健康问题提高到前所未有的高度。毫无疑问，维护安全和宜居环境，是实现健康中国的基础。就化学工业而言，环境、健康和安全又恰恰是工程伦理教育中比较薄弱的环节。因此将 EHS 的理念植入工程人才的培养环节，已经成为化工行业从业者的入行第一课。美国教育家德怀特·艾伦说过："如果我们使学生变得聪明而未使他们具备道德性的话，那么我们就在为社会创造危害"。树立环境、健康和安全的意识应该成为工科大学教育的使命。

十多年前，一群在跨国公司工作的校友敏锐地意识到这个问题的重要性，并自发地组织起来，在资源与环境工程学院、化工学院、国际化学品制造商协会等协助下，对母校的本科生和研究生开启了"责任关怀"的案例讲座。几十位校友每周一次地奔波在工作岗位和三尺讲台之间，不计报酬，无怨无悔，奉献他们的智慧，滋润着一颗颗如饥似渴的心。华东理工大学 EHS 校友会就这样成为了华东理工大学责任关怀的一张名片。"为母校发展，为 EHS 社会价值的推广持续努力"成为该校友会的宗旨。2015 年，华东理工大学在全国率先开设通识课程"企业 EHS 风险管理基础"，面向全校 3500 余名学生，几乎覆盖了华东理工大学所有的专业。

由学校的教授和来自企业的行业专家联手打造了上海高校优质在线课程，拍摄的慕课也将通过东西部高校课程共享联盟共享课程推向全国，这本教材就是该课程的配套教材，重点讲述了工艺安全、环境保护、运输安全、职业健康、社区应急、产品监管以及公共安全的基本知识和风险分析的基本方法，案例与理论相结合，使得每一位未来的工程师认识到"以造福人类和可持续发展为理念的工程师，才能在面临着伦理冲突时做出正确的判断和选择"。

推动化学化工的创新和追求可持续发展已经成为共识。在中国"谈化色变"的今天，每一位化工工作者都应该有"扶大厦之将倾，挽狂澜于既倒"的勇气与担当，所以当受邀为《企业环境健康安全风险管理》撰写序言之时，我欣然接受。校友志愿者们的一片冰心恰恰诠释着"精卫衔微木，将以填沧海"的坚持。

当代大学生更应秉持可持续发展的理念。借用扎克伯格在哈佛大学毕业典礼的一句话：我们的使命就是创造一个人人具有责任和使命感的世界。我希望每一位化学化工相关的工程师从这里启航，创造可持续化工新元素，让化工使生活更美好。

华东理工大学副校长

辛忠 教授

# 前　言

　　"绿水青山就是金山银山"是习近平总书记多次强调的重要发展理念。2018年3月13日，国务院机构改革方案发布，建立生态环境部，取消环境保护部；建立应急管理部，取消安全生产监督管理总局；建立卫生健康委员会，取消卫生和计划生育委员会，以提高新形势下应对环境健康安全突发事件的处置能力。部分法律法规在此基础上有了较大修订。同时，为了配合近几年课堂教学内容的不断更新，高校对学生安全教育要求的不断提升，华东理工大学 EHS 校友会于 2020 年年初决定在原有基础上，对《企业环境健康安全风险管理》做再版修订，对书中原有环境健康安全体系知识内容进行更新完善。再版的《企业环境健康安全风险管理》将从八章增加到九章，特别新增了实验室安全的相关内容，强调实验室环境健康安全相关知识的宣贯，落实实验室安全培训要点，目的是呼吁高校、企业重视实验室安全。除此之外，其他章也做了如下的修订：

　　第一章为什么要讲 EHS，更新为现行有效的环境健康安全的基本法和单行法；

　　第二章风险管理，新增第五节作业安全及第六节建立科学的风险管理思维模式，鼓励建立科学的思维模式，对风险评价与风险管理有新的认识；

　　第三章产品安全监管，完善了全球化学品法规合规性要求，倡导合规化管理化学品；

　　第四章职业健康，新增劳动者在职业健康管理工作中的权利和义务，并细化涉及职业危害岗位相关的危害、风险、岗位调整等职业安全卫生知识的宣贯；

　　第五章工艺安全，新增对比常用工艺安全分析工具优缺点，并强调通过信息更新、操作程序、应急计划场景、培训等方法优化改进工艺安全的重要性；

　　第六章环境保护，新增生活垃圾的相关内容，并更新与土壤地下水相关的所有内容；

　　第七章公共安全，新增第四节物流安全及第五节公共卫生安全，增加新型冠状病毒肺炎疫情影响下，物流安全及公共卫生安全的国内外协作的重要性；

　　第八章事故与应急，新增应急管理部的设立及职责介绍，以抗击新型冠状病毒肺炎疫情为背景，增加我国应急管理体系应对重大疫情的优势，并就疫情后复工安全问题进行了补充，更新近年各类应急预案编制要点与难点。

　　近年我国经济、社会的不断发展壮大，环境健康安全法律法规、技术标准不断更新改进。再版的《企业环境健康安全风险管理》不仅在文字描述方面进行了修正，更是结合国内外环境健康安全发展现状，对现代企业环境健康安全风险管理提出了更高的标准及要求。

　　在使用本书时，如发现不当之处，恳切期望大家提出改进意见。

华东理工大学 EHS 校友会

2020 年 8 月

# 前言（第一版）

这本书所讲述的是关于环境、健康与安全的基础知识和在工业生产中的实践。其所对应的课堂教学，已经由华东理工大学 EHS 校友会在该校教学多年，是在华东理工大学工科高年级本科生和研究生的课程实录基础编辑而成。

2010 年，一群长期在外企从事 EHS 管理实践的华东理工大学校友，聚在一起，成立了华东理工大学 EHS 校友会。而后，每学期都在华东理工大学资源与环境工程学院、化工学院、制药学院、化学与分子学院、材料学院等学院义务开设课程，听众甚多。2015 年初，在华东理工大学校领导、教务处、研究生院以及相关学院的大力支持下，将本课程推向全体工科学生。

企业 EHS 风险管理基础课程有几个特点。

（1）讲课的老师均来自生产、管理一体，包括工业企业、政府监管部门、EHS 咨询公司，甚至还有来自律师界。其中来自工业企业的授课者中又以来自外企的居多，包括来自诸多世界化工巨头的 EHS 管理人员、生产营运管理人员等。

（2）讲课的老师都具有多年的一线工作经验，所讲述的都是自己亲身实践的，也是企业所需要的，因而授课内容联系实际。授课者中，很多都是从企业一线做起，包括技术、生产、EHS 管理，很多人在多年的历练以后逐渐成长为独当一面、能够应对各种复杂局面的 EHS 高级管理人员和专业人士。

（3）这个课程没有教材，只有 PPT。没有教材，是因为找不到合适的以即将走上工作岗位的在校大学生为主要对象的教材。有 PPT，是因为每一个授课者在 EHS 培训方面几乎都身经百战，各种内容的 PPT 一应俱全。

（4）这个课程有严格的质量控制体系。由于每次讲课的人不一样，各自的经历和风格也不一样，为保证质量，校友会专门设有课程质量保证部门：在课前对 PPT 进行不记名的同行评议，最后形成一个统一的版本；在上课时由专人进行课堂跟进，亲身体验；在课后邀请听课者对授课质量进行匿名评议，包括知识点的实用性、课堂的互动性等，随后进行相应的修正。

经过这样多次尝试，这门课程教学已经日臻成熟。2016 年，学校提出将课程制作成慕课（MOOC），用于线上教学。在大家的努力下，我们做到了。在 2017 年，在学校的支持下，特别是在修光利和李涛两位教授的大力指导和支持下，众多校友积极行动，才有了呈现在大家面前的这本书。

如同这门课程一样，这本书也有几个鲜明的特点：编写者均来自生产、管理一体；都有丰富的实践经验；内容都是最新的。当然，也因此给教材编写的组织带来很多的挑战。本着尊重和包容的精神，我们鼓励保持不同风格（有的还保留着很多讲课时的风格），将各自最真实的一面呈现给大家。终于，大家都围绕着共同的目标，克服种种困难，终于让这本教材问世。

这本教材，凝聚了我们诸多专业人士多年的辛勤和努力，并得到了华东理工大学校领导、教务处、研究生院的大力支持，感谢华东理工大学资源与环境工程学院、化工学院、药学院、化学与分子学院等学院领导、老师和同学的支持和参与。在此，要特别感谢 EHS 校友会成立以来历任和现任常务理事、监事的突出贡献，他们是：徐新良、丁晓阳、夏永强、杨丹丹、郁建、董明哲、雷子蕙、钱立忠、王燕、吴刚健、陈健、夏俊骅、吴荣良、陈晓、周纪标、单诚杰、冯莹、马晓毅、马立强、吴春梅、戴澋、刘东、徐燕晓、张向军、陈晶晶、赵利红、路文、赵海升、马海南、朱小中、袁佳裕、谢静、沈燕等。本教材也受到了上海高校优质在线课程建设项目和全日制工程硕士基地的支持，在此也表示衷心感谢。

需要特别说明的是，参与本书编写的作者，有署名的，也有未署名的，来自不同的工作单位。作者在本书中所阐述的任何内容或观点，都不代表他（她）曾经或正在服务的工作单位。事实上，本书汇集了众多校友的所思所想和经验。我们珍视这样个人经验的传承和独特的个人观点，这也是为 EHS 社会价值的推广持续努力的一部分。本书所引用的部分信息来源于网络或其他参考资料，这些信息都仅供大家参考和学习，不能够取代任何正式发布的法律法规、技术标准或其他文件。

EHS 的内容非常广泛，实践又在不断发展和深化。因此，呈现在大家面前的这本教材，也一定会有诸多的缺憾，甚至会有一些不足。我们秉承一贯的开放态度，鼓励读者在学习这门课程或者阅读这本书的过程中，都能保持批判的态度，用自己的思考来验证甚至"挑战"我们所讲述的内容。希望读者能将您的批评指正和所思所想通过邮件发送给我们（ecust＿ehsadmin@163.com），以便我们在教学及再版时改进。

我们期望，这次成功尝试能为高校 EHS 的课程建设提供有益的探索。期望本书不仅供高校学生使用，也能为初入 EHS 职场的新人、对 EHS 感兴趣的工程技术人员、管理者提供有益的参考，让绿色发展、安全发展的理念深入人心。

华东理工大学 EHS 校友会

2017 年 6 月 6 日

# 目 录

**第三章　产品安全监管**　　　50

## 第六章　环境保护　99

## 第七章　公共安全　　　125

## 第八章 事故与应急 ⬤156

## 第九章　实验室安全

# 第一章 为什么要讲EHS

## 第一节 EHS 是什么

### 一、EHS 的定义

EHS 是三个英文单词的首字母，即：Environment，Health & Safety，环境健康安全，特指对"环境健康安全"的管理与风险管控。基于文化认识上的不同，某些行业或企业有其特定的排序，如中国石化称其为 HSE，也有些企业则称为 SHE。但是不管哪种顺序，万变不离其宗，其核心仍是"环境健康安全"管理的统称。

1. 环境（Environment）

环境是指影响人类生存和发展的各种天然的和经过人工改造的自然因素的总体，包括大气、水、海洋、土地、矿藏、森林、草原、湿地、野生生物、自然遗迹、人文遗迹、自然保护区、风景名胜区、城市和乡村等。

此处对于环境的定义是相对狭义的，以人类为中心的，而广义的环境是以整个生态系统整个地球为保护对象。两者的差异看似很大，但实际上有其内在的统一，保护好人类生存的环境，在很大程度上便可保护好整个生态环境，正是基于此，当前阶段国家在环境保护方面的以立法基础仍是以保护人类生存的环境为核心。

EHS 工作中，对环境的保护一般特指消减有毒有害物质的排放，比如控制废气、废水和噪声的排放，降低固体废物的产生，保护工厂外的环境。相较健康和安全来说，环境保护是消减企业对外部的影响，而健康安全则是企业内部的风险管理。所以对"公众健康"的保护是环保法立法的目的之一。

2. 健康（Health）

此处的健康特指"职业健康"，而不是"公众健康"，即预防、控制和消除企业内工作人员的职业病危害，这是 EHS 工作中，保障健康的目的。

所谓的职业病，是指企业、事业单位和个体经济组织等用人单位的劳动者在职业活动中，因接触粉尘、放射性物质和其他有毒、有害因素而引起的疾病。

EHS 工作中，对健康的保护一般特指消除或是降低作业场所的职业病危害，比如防止有毒有害物质，如粉尘、化学品的暴露，消除或是减低噪声危害等。相较安全来说，职业病的危害相对隐蔽和长期。

3. 安全（Safety）

特指安全生产，防止和减少生产安全事故，保障人民群众生命和财产安全。

EHS工作中，对安全的管理一般特指消除安全隐患，管控安全风险，避免安全事故的发生。

所以，EHS基础教育的目的是让大家认识和了解环境健康安全的重要，基本掌握识别和分析危害的方法，初步具备风险管理的能力，用以保护家人、同事和自身。EHS的使命是保护每个人健康安全的生存权益。

## 二、EHS课程的意义

所谓"君子不器"。EHS工作不单单是一门技能，更是一种方法和理念，还是个人职业素养的体现。正因如此，EHS课程需要在工科生的毕业季普遍开展。对于即将走上工作岗位的大学生（包括研究生，下同），开设EHS课程至少有以下意义：

1. 应对校园生活存在的风险

高校并非安全的净土，近年理工科院校的EHS事件频发。网上搜索"高校"和"事故"之类的关键词，结果会让你大吃一惊。很多著名的高校，无论是在北京、上海，还是西安、广州，都发生过类似事故：有些是发生在学生宿舍，有些是发生在实验室等。分析这些事故发生的原因，足以说明我们在EHS方面认识的不足。

上海某高校曾经发生过一起硫化氢中毒事件，知晓该事件的人会立马思考一下身边是否有这类气体，想法一闪而过，或许觉得反省已经到位了。但是，真正的反思需要认真识别事故的直接和间接原因，并把每一个原因转化为整改任务，直至全部改进完成。但这还不够，还应该把案例分析和改进的方法，尽可能广泛地传播和分享给每一个可能遭遇同样危害的人。

2. 应对职业生涯中潜在的风险

绝大多数工科毕业生未来不管从事何种职业，一生都将与"风险"相伴，我们不得不从企业的基层做起，不得不从事"登高作业"、进入"受限空间"、出入于易燃易爆的危化品生产与使用区域，暴露在噪声环境中，企业内各类转动的机械随时都可以击碎一个人的躯体与梦想。即便是相对安全的实验与研发工作，也面临各种不可预见的危害和风险。

鉴于以上原因，熟悉EHS的知识技能、掌握EHS风险管理的方法、培养EHS意识和文化，显得尤为必要。

**3.树立正确的工程伦理观，提升未来的领导力**

伴随着经济和科技的迅猛发展，环境污染、土地沙化、自然灾害频发，不可再生资源的无节制消耗等，让人类对未来充满了茫然。我们究竟是什么地方出现了差错？人类逐渐醒悟到：工程活动中包含着事关人类前途命运的价值选择。EHS也成了工程伦理学中重要的组成部分。

任何一位工程师，不管是从事研发、设计、生产，还是工艺、设备、运维，抑或技服、质控等工作，如果缺乏对EHS风险的深刻思考，缺乏对他人权益的关注，缺乏对大自然的敬畏，就可能会成为危机问题的制造者，或是帮凶。

因此我们相信，5到10年之后，逐渐成为团队决策者的你，在应对风险时能否做出正确的选择，是EHS这门课程的真正意义。你的决定必将影响到很多人，很多家庭，甚至是整个行业。这并不是危言耸听，近年轰轰烈烈的环保运动已说明了这一点。很多企业在投建之初忽视了环境保护工作，导致后期企业的发展步履维艰。不能在"环境保护"这场举国之战中存活和成功转型的企业，随时都可能消亡。许多企业家只是感受到了压力，却并未意识到这一趋势不可逆转。

此外，安全方面的形势更是紧迫，近年诚惶诚恐的不单单是化工企业，就连化工园区的生存状况也十分堪忧。造成这样的局面，是因为化工企业和化工行业在EHS，特别是S方面，做的不够好，事故频发造成了巨大的社会影响。

所以，EHS这门课将帮助大家在未来面临选择时，做出对自己、对企业、对行业、对社会有利的决定。EHS已经成为企业生存发展的核心竞争力！

# 第二节　EHS的发展与内涵

## 一、EHS的"前世今身"

或许很多人会问，EHS这个概念是什么时候开始产生的？又是什么时候整个世界开始倡导环境保护，有了保障员工职业健康和安全的概念呢？

我们不妨把历史往前翻60年。

如果我们来到20世纪60年代之前，翻开当时的报纸和杂志，还看不到"环境保护"或者"职业健康安全"这样的字眼，环保和安全的理念在当时还是一片空白。20世纪60年代，正是第二次世界大战结束后世界各国如火如荼重建自己的国家，发展经济的黄金时期。这个时期的世界各国，不管是现在的发达国家，还是发展中国家，都在忙于打着"向大自然宣战""征服大自然"这样的旗号，全速开上了发展经济的车道。

在这样的经济发展的黄金时代，以当时的科技水平和资源利用水平，快速的工业发展不可避免为整个世界带来环境的严重破坏。大自然仅仅是人们征服与控制的对象，而非保护并与之和谐相处的对象。从来没有人去质疑这一观点的正确性。直到有一天，一个人，一本书的出现，对这样的"真理"提出了挑战。她就是美国作家蕾切尔·卡逊。而她写的这本惊世骇俗的、改变整个世界的书，叫《寂静的春天》。书中描述了由于滴滴涕（DDT）为代表的农药的滥用，人类可能面临一个在春天里没有鸟、蜜蜂和蝴蝶的恐怖世界。这本书的出版在当时引起了非常大的轰动，同时也带来了非常多的争议。很多人怀疑这本书是在拖慢整个社会发展的脚步。当大家都在关注经济发展的时候，蕾切尔·卡逊却不合时宜地提出了这样的反对声音。批评的人当中有很大一部分来自化学工业，他们担心这本书会使自己的产品销量受到影响，因而对此书大加指责。这些指责很多是缺乏科学依据的，有些人甚至直接对蕾切尔·卡逊进行人身攻击。这位瘦弱、身患癌症的女学者，在《寂静的春天》出版两年之后，终于在空前的诋毁和攻击下，心力交瘁，与世长辞。蕾切尔·卡逊虽然憾然离世，但她所坚持的思想终于为人类环境意识的启蒙点燃了一盏明亮的灯。

《寂静的春天》的影响力从未消失。克林顿时期美国的副总统、环保主义者艾尔·戈尔在《寂静的春天》中文版的"前言"中这样评价此书："《寂静的春天》播下了新行动主义的种子，并且已经深深植根于广大人民群众中。她惊醒的不但是我们国家，甚至是整个世界。《寂静的春天》的出版应该恰当地被看成是现代环保运动的肇始。"

当然，萌发人类社会环保与安全意识的不仅仅是《寂静的春天》这样的启蒙之作，全世界遭遇到的接踵而来的切肤之痛才让人们真正体会到忽视环保和安全的可怕。在美国，在离尼亚加拉瀑布不远处，有一条意为"爱之河"的拉芙运河（Love canal）。在很长一段时间里，这条河带给人们的不是"爱"，而是病痛和死亡。1947～1952年之间，当地一家名为"福卡"的化学工业公司把含二噁英和苯等82种致癌物质、共21800多吨重的工业垃圾倾倒在这条废弃的运河中。运河被填埋后，这一带便成了一片广阔的土地，此地又被公司廉价转卖给了市教育委员会，在此建起了小学和住宅。每逢降雨，这里便污水横溢，恶臭扑鼻。20年后，住在当地的很多居民莫名其妙患上了病，而其周围地区也不断出现孕妇流产和死胎事件。1980年，卡特总统宣布该地区处于紧急状态，800个家庭被迫疏散。当地的居民把这家肇事的化学公司告上法庭，但是人们却发现，当时并没有任何一条法律能够给予这家化学公司处罚。直到多年以后，随着新颁布的法律实施，当地的居民才成功向这家公司索要了巨额的赔偿。

我们再把视线投向印度的博帕尔市。1984年12月3日凌晨，印度中央邦首府博帕尔市的美国联合碳化物下属的联合碳化物（印度）有限公司设于贫民区附近一所农药厂发生氰化物泄漏。因为事故发生在午夜，很多人还在睡眠当中，因而并没有意识到危害的临近和死神的到来。很多人在睡梦中死去，再也没有醒来。而惊醒的人们开始咳嗽，呼吸困难，眼睛被灼伤。人们开始以各种方式逃离自己的家园，许多人在奔跑逃命时倒地身亡，还有一些人死在医院里，众多的受害者挤满了医院，而医生却对有毒物质的性质一无所知。有幸存者回忆道：每分钟都有中毒者死去，尸体被一个压一个地堆砌在一起，然后放到卡车上，运往火葬场和墓地；他们的坟墓成排堆列；尸体在落日的余晖中被火化；鸡、犬、牛、羊也无一幸免，尸体横七竖八地倒在没有人烟的街道上；街上的房门都没上锁，却不知主人何时才能回来；活下来的人已惊吓得目瞪口呆，甚至无法表达心中的苦痛；空气中弥漫着一种恐惧的气氛和死尸的恶臭。事故引发了严重的后果，经过当地政府统计，在事故发生的第三天之后，就已造成了8000人死亡，50万人受伤，还有122例新生儿流产。事故最终造成了2.5万人直接死亡，55万人间接死亡，另外有20多万人永久残疾的人间惨剧。即使到今天，当地居民的患癌率及儿童夭折率，仍然因这场灾难而远高于印度其他城市。这场人类历史上最严重的工业化学灾难，大大推动了世界各国的化工公司加强安全管理，也使得环保人士和民众开始强烈反对在居民区设立化工厂。

历经环保意识的启蒙，到重大灾难的切肤之痛，如今的人们已经越来越强烈地意识到：经济发展不能以牺牲人类以及子孙后代的福祉，牺牲健康与安全为代价。经济的发展必须兼顾环境、健康与安全。

很难说我们今天所说的环境、健康、安全（EHS）话题诞生于哪个具体的年代，它是伴随着人类所经历的种种教训渐渐形成的理念。而直到现在，环境、健康、安全也伴随科技的进步在不断向前发展。

## 二、EHS 的六大模块

EHS 如此重要，但究竟具体包含哪些内容？这个问题，不同的人有不同的回答。

根据国际化工协会联合会（ICCA）所推崇的"责任关怀"理念，其包括六大实施准则：

① 社区认知和紧急情况应变准则（community awareness and emergency response，CAER）；

② 物流准则（distribution）；

③ 污染预防准则（pollution prevention）；

④ 工艺安全准则（process safety）；

⑤ 职业健康和安全准则（employee health&safety）；

⑥ 产品监管准则（product stewardship）。

基于多年的理解和实践，结合目前国内的诸多要求，我们将其理论体系总结成 6 个比较完善的模块，分别是：产品安全、职业健康与安全、工艺安全、环境保护、公共安全以及事故与应急。

（1）产品安全　旨在产品的使用、储运、销售等过程中，保障人体健康和人身、财产安全免受伤害或损失。

（2）职业安全与健康 主要致力于通过风险评估等手段识别并评价企业工作场所中的危险源与职业有害因素，并通过各种控制手段消除或削弱危险源与职业有害因素的危害程度，使其达到可接受的程度。

（3）工艺安全 通过对化工工艺危害和风险的识别、分析、评价和处理，从而避免与化工工艺相关的伤害和事故。工艺安全本身具有风险性质，它的危害因为物流运输和事故影响，可能不仅仅局限于厂界之内。

（4）环境保护 旨在通过识别和评估企业活动对环境造成影响的因素，并采取各种控制手段消除或减少对环境的负面影响，达到可接受的程度。一个企业的行为可能产生的环境影响会跨越厂界到达周边地区，也会随着产品与供应链、水体和大气运动，到达更远的范围，影响更大的人群，甚至由于逸散、迁移和累积效应，影响到更长时间之后。

（5）公共安全 旨在保障社会和公民个人从事和进行正常的生活、工作、学习、娱乐和交往所需的稳定的外部环境和秩序，避免影响范围大，涉及人数众多的公共安全事故。

（6）事故与应急 面对突发事件，如自然灾害、重特大事故、环境事件及人为破坏的应急管理、指挥、救援计划等。

公共安全、事故与应急可能发生在各个模块、周期中的不同节点，产生不同范围的影响。

另外，需要说明的是，本书在第七章中用一节篇幅讲述物流安全准则。并将实验室安全作为单独一章讲述，以利于对高校实验室和其他科研人员的实操指导。

## 三、生活中的 EHS

EHS 并不是一个只存在于工业界的名词。仔细观察我们的生活，处处都有 EHS。

第一个话题是"低碳生活"，这个话题非常时尚。所谓低碳生活，就是指生活作息时要尽力减少所消耗的能量，特别是二氧化碳的排放量，从而低碳，减少对大气的污染，降低温室效应，减缓生态恶化。这样的低碳生活，主要是从节电、节气和回收三个环节来改变生活细节，从而尽自己力所能及的力量为环保做贡献。

第二个热门话题就是 $PM_{2.5}$。大家都关心它，并不是因为它是企业的一个污染物排放参数，而是因为它和每一个人的健康息息相关。

第三个话题是"人机工程"。这似乎是个陌生的词汇。我们每天都接触很多人机工程相关的问题，比如大家打电脑游戏，看韩剧。其实打游戏和看韩剧就蕴含着很多人机工程问题。如果打游戏姿势不对，或者看韩剧姿势不对，就会对我们的健康造成很大的影响，比如颈椎、手腕不舒服。这就是因为对人机工程了解不足，没有保护自身、保持"正确姿势"的意识和技能，导致健康伤害。这种伤害往往是潜移默化、感知不到的，等累积到一定程度爆发出来则会极大地影响我们的工作和生活质量。人机工程就是这样一门研究人和机器及环境的相互作用，研究人在工作中、家庭生活中和休假时怎样统一考虑工作效率，人的健康、安全和舒适等问题的学科。现代生活中，越来越多的产品在设计时候，开始充分考虑人机工程或人体工程学。比如还是打游戏看韩剧，游戏手柄更符合人体工程学，可以对手腕起到保护作用；看韩剧的电脑屏幕摆放到合适的高度和距离，就会对颈椎有所保护。

还有更多例子，比如在一场说走就走的旅行前，通过一张必要的安全清单来检视下自己旅途中的安全准备是保证我们旅途愉快的必要条件。

比如买房，除了常规的周边规划、小区环境、户型配套等，还应该了解周边有没有污染源会对将来的生活造成困扰。应该关注的污染源包括：

（1）地铁 地铁从小区下穿过或小区旁穿过就会带来噪声和振动的不利影响。

（2）变电站 如果距离变电站过近，可能会受到电磁辐射的污染。

（3）玻璃幕墙 如果小区周边有高档的商品房或写字楼，要小心它们的玻璃幕墙带来的光污染。

（4）马路 临近繁忙的马路自然少不了噪声的侵扰等。

又比如买车，我们要考虑的第一要素就是车的安全性能，比如安全配置、碰撞测试数据等。虽然我们每个人都不希望车祸的发生，希望汽车的安全配置永远也用不到，但是在这个充满意外的世界，优秀的安全配置对于车辆来说是无论如何也不能牺牲掉的。

甚至在很多方面，我们或许根本没有意识到 EHS 在保护着我们。

举一个人人都会用到但是都会忽略的例子，圆珠笔的笔帽。日常使用的圆珠笔，特别是学生用笔，笔帽上有一个小孔。为什么会有这个小孔呢？因为强制性国家标准《学生用品的安全通用要求》（GB 21027—2007）规定：①笔帽尺寸足够大（垂直进入直径为 16mm 的量规时，不通过部分大于 5mm）；②笔帽体上需要有一条连续的至少 $6.8mm^2$ 的空气通道；③笔帽在室温最大压力差 1.33kPa 下最小通气量为 8L/min。满足此条件的笔帽可以降低儿童使用时吞入笔帽后的窒息危险，才是合格的产品。这就是 EHS 中"产品安全"的通俗概念。

同样观察一下学生日常使用的书本、作业簿，会发现其实这些纸制品不是特别白，甚至有些发黄。这也是因为有产品安全的标准做出的具体的白度规定。因为如果纸张白度太高，一是会影响使用者的视力，二是在制造纸张的过程中会导致对环境有害的荧光剂过度使用。有关国家标准规定，目前标准纸张的白度最高为 85%，学生用品则更低一些。

所以 EHS 不仅仅是工作中会出现的概念，同时它也是生活中的必要知识与技能。

# 第三节　课程基础

## 一、专业背景在 EHS 领域的重要性

我们在大学校园内的学习内容，最多涉及技术标准，而很少了解法律法规。所以很多大学生步入社会时，对于自己工作相关的法律法规、主管部门和立法部门都一无所知。

的确，有些企业内部设有专门的法务人员，或者有外聘律师。大学生不具有法律专业背景，是不是就不适合参与这些法律相关的事务呢？

事实上，在 EHS 法律法规相关的领域，目前的情况恰恰相反。EHS 工作的每一步都受到法律的约束和规范，法律法规几乎是我们全部的工作。基于我们的技术和工科背景，反而能够更加准确和快速地理解和领会法律规范的要义。

大学生在学校参与了很多的实验室工作，撰写了专业性的论文，但是对于所研究的问题可能在 EHS 层面的理解并不深入。如果能把它稍微外延一下，去看一看它所关联的社会问题，特别是所关联的法律法规，可能会更好地指导自己的研究方向，避免一些落后的、没有社会价值的技术研究思路。比如，避免设计那些造成巨大风险的、不具备可操作性的工艺流程，避免使用那些禁用和限用的化学品，避免合成那些不能满足产品安全监管要求的新物料等。

## 二、中国的 EHS 法律框架

我国的法律体系有一个金字塔模型，见图 1-1。

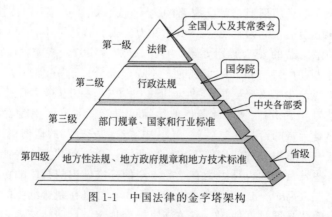

图 1-1　中国法律的金字塔架构

第一级，金字塔尖就是最基本的法的部分。可以称为"法"的部分，是由立

法机构——全国人民代表大会及其常委会负责制定的。

塔尖之下的第二级是"行政法规"，由国务院负责制定发布。

而由中央各部委负责制定的称为"部门规章"，作为这一金字塔的第三级。同时，国家标准（GB）和行业标准，也归属于这个级别。对于初学者，应该特别关注环保、健康与安全工作有哪些具体的主管部门，比如生态环境部、应急管理部、国家卫生健康委员会、公安部、住房和城乡建设部等各自在EHS领域负责监管的具体内容。

在地方层面，具有立法权的地方人民代表大会及其常务委员会作为地方立法机构，负责制定地方性法规；省级人民政府和较大的市级人民政府作为地方政府规章的制定发布部门，和地方技术标准一起，同属于第四级。

理解这一基本的金字塔法律法规结构的意义在于可以了解自己所做的事情，是受哪一个层级的法律法规约束，和哪一个标准有关。通过了解这些法律法规和标准中的其他内容，可以更加全面地了解各项事务是如何相互制约而得以运转。

如前所述，EHS所有的工作内容，都是基于法律法规的要求。

法律法规本身会不断变化更新，尤其是我国的EHS法律法规，一直都是国内外业内人士认为非常复杂而且变更频繁的，需要重点关注。

据粗略统计，在我国，与EHS直接相关的法律如下：

① 《环境保护法》；

② 《环境影响评价法》；

③ 《大气污染防治法》；

④ 《水污染防治法》；

⑤ 《固体废物污染环境防治法》；

⑥ 《土壤污染防治法》；

⑦ 《环境噪声污染防治法》；

⑧ 《放射性污染防治法》；

⑨ 《节约能源法》；

⑩ 《清洁生产法》；

⑪ 《循环经济促进法》；

⑫ 《可再生能源法》；

⑬ 《安全生产法》；

⑭ 《危险化学品安全法》（征求意见中）；

⑮ 《职业病防治法》；

⑯ 《消防法》；

⑰ 《特种设备安全法》；

⑱ 《建筑法》；

⑲ 《突发事件应对法》；

⑳《劳动法》；

㉑《劳动合同法》；

㉒《食品安全法》；

㉓《道路交通安全法》；

㉔《民法通则》《合同法》《侵权责任法》等。

其中非常著名的，比如很多人听说过的新《环境保护法》，被称为史上最严、长着牙齿的环境保护法。在安全与职业健康领域中，则有《安全生产法》《职业病防治法》《消防法》《特种设备安全法》等。基本上，在每一个基本法对应着一个国务院下设的主管部门，负责具体的法规、部门规章的制定，并指导技术标准的编制和更新。这一主管部门并非一成不变。比如职业健康的管理就曾经从卫生部门转移至安全生产监管部门，又转回国家卫生健康委员会；而在国务院推动"大部制"改革等调整过程中，海洋、水务等方面有关的环境事务则合并进入生态环境部。

值得关注的是，本书从企业管理角度入手，用相互联系、相互影响的视角来看待环境、健康和安全管理中的各种事务。这一综合视角是更为符合企业管理效能的实践结果。而从社会行政管理的分工来看，不同政府管理部门主导下的法律、规章和标准则可能存在重复、遗漏、灰色地带甚至相互矛盾。结合典型事故，例如 2019 年 3 月 21 日的响水爆炸事故，可以明确看到在这种管理分工和衔接中，一旦存在对风险的忽视和管控缺失就会造成严重的后果。因此，我们强调EHS 的所有工作都离不开法律法规的准绳，但不能仅着眼于条文合规，而漠视实际的风险。

对应金字塔第二级的行政法规，这一级别的法规总数非常庞大，其中最关键的、和 EHS 最密切相关的大约有数十部，例如：

①《危险化学品安全管理条例》；

②《安全生产许可证条例》；

③《特种设备安全监察条例》；

④《易制毒化学品管理条例》；

⑤《监控化学品管理条例》；

⑥《消耗臭氧层物质管理条例》；

⑦《取水许可和水资源费征收管理条例》；

⑧《建设项目环境保护管理条例》；

⑨《排污费征收使用管理条例》；

⑩《城镇排水与污水处理条例》；

⑪《建设工程安全管理条例》；

⑫《生产安全事故报告和调查条例》；

⑬《工伤保险条例》；

⑭《使用有毒物品作业场所劳动保护条例》；

⑮《尘肺病防治条例》；

⑯《禁止使用童工规定》；

⑰《女职工劳动保护特别规定》；

⑱《企业事业单位内部治安保卫条例》。

其中，非常著名的《危险化学品安全管理条例》，与许多化工类专业背景的同学的未来工作紧密相关。这一条例影响非常之广，在立法层面上，它的制定和修订涉及了11个中央部委的参与。可以想见，在企业内部，这一条例也涉及几乎全部的运营环节和部门，从研发、采购、物流、仓储、生产，一直到最后作为危险废弃物的处置等。

第三级，部门规章包括国务院各个主管部门所发布的规章规范文件。例如：

①《排污许可证管理办法（试行）》；

②《放射性物品运输安全监督管理办法》；

③《建设项目环境影响后评价管理办法（试行）》；

④《环境保护公众参与办法》；

⑤《突发环境事件应急管理办法》；

⑥《建设项目环境影响评价分类管理名录》；

⑦《固定污染源排污许可分类管理名录》；

⑧《突发环境事件调查处理办法》；

⑨《企业事业单位环境信息公开办法》；

⑩《环境保护主管部门实施限制生产、停产整治办法》；

⑪《环境保护主管部门实施查封、扣押办法》；

⑫《环境保护主管部门实施按日连续处罚办法》；

⑬《消耗臭氧层物质进出口管理办法》；

⑭《建设项目职业病防护设施"三同时"监督管理办法》；

⑮《生产安全事故应急预案管理办法》；

⑯《危险货物道路运输安全管理办法》；

⑰《煤矿安全规程》；

⑱《煤矿企业安全生产许可证实施办法》等。

第四级，地方性法规和地方政府规章。以上海市地方性法规与规章为例：

①《上海市环境保护条例》；

②《上海市大气污染防治条例》；

③《上海市社会生活噪声污染防治办法》；

④《上海市建筑玻璃幕墙管理办法》；

⑤《上海市饮用水水源保护条例》；

⑥《上海市放射性污染防治若干规定》；

⑦《上海市医疗废物处理环境污染防治规定》；

⑧《上海市安全生产条例》；

⑨《上海市危险化学品安全管理办法》等。

又如，江苏省地方性法规与规章：

①《江苏省安全生产条例》；

②《江苏省海洋环境保护条例》；

③《江苏省循环经济促进条例》；

④《江苏省大气污染防治条例》；

⑤《江苏省机动车排气污染防治条例》；

⑥《江苏省固体废物污染环境防治条例》；

⑦《江苏省太湖水污染防治条例》；

⑧《江苏省环境噪声污染防治条例》；

⑨《江苏省长江水污染防治条例》；

⑩《江苏省湖泊保护条例》；

⑪《江苏省通榆河水污染防治条例》；

⑫《南京市水环境保护条例》；

⑬《苏州市湿地保护条例》；

⑭《无锡市太湖新城生态城条例》等。

技术标准方面，包括国家标准（GB）或者地方标准（DB），以及行业标准。此类信息在管理部门网站和国家标准信息平台均可查询，不再赘述。

## 三、国际公约

除了国内的金字塔型的法律法规体系之外，还有一些必须遵守的"游戏规则"，就是国际公约。中国处于国际贸易和全球供应链之中，是一些国际组织所制定的全球性公约的缔约国。这些公约对国内企业来讲，同样具有约束效力。例如：

①《联合国海洋法公约》；

②《控制危险废物越境转移及其处置的巴塞尔公约》；

③《关于持久性有机污染物的斯德哥尔摩公约》；

④《关于在国际贸易中对某些危险化学品和农药采用事先知情同意程序的鹿特丹公约》；

⑤《作业场所安全使用化学品公约》；

⑥《联合国气候变化框架公约》；

⑦《京都议定书》；

⑧《保护臭氧层维也纳公约》；

⑨《关于消耗臭氧层物质的蒙特利尔议定书及该议定书的修正》；

⑩《生物多样性公约》；

⑪《生物安全议定书》；

⑫《国际重要湿地公约》；

⑬《核安全公约》；

⑭《乏燃料管理安全和放射性废物管理安全联合公约》；

⑮《职业安全和卫生及工作环境公约》；

⑯《预防重大工业事故公约》；

⑰《职业卫生设施公约》；

⑱《预防苯中毒公约》；

⑲《工人搬运的最大负重量公约》等。

## 四、约束亦是保护

了解这些，并非希望每一个人成为 EHS 方面的法律法规专家。但无论大家从事哪个行业或岗位，都应该能够对 EHS 法律法规最基本的概念有所了解。知道在企业运营过程中，在环境保护、职业健康与安全方面需要接受这些约束。同时，这些法律法规也约束着政府和个人的行为。约束亦是保护，所以 EHS 法律法规与每一个人息息相关。

关注社会新闻的人们往往会抱怨，中国的立法存在很多空白，执法存在很多漏洞，司法过程也有很多的诟病。中国还存在着显著的地区差异，存在显著的执法差异等。但是所有这些现状，都不是企业不作为的借口，更不是行政主管部门和执法部门不作为的借口。

如前所述，EHS 工作中的所有问题，每一步都要踏在法律的准绳上。但是实践中要解决这些问题，并不是仅靠眼光盯着法律法规就能做到的，每个人的行为方式是最大的变量。对于 EHS 的挑战，不仅需要了解法律法规的要求，具备技术解决方案，还需要洞察人心，善于沟通，并且富有战略，拥有耐心，保持乐观态度。

根据马斯洛的需求理论，当我们有能力保护好自己，能够获得生存安全，基本需求得以满足之后，我们还希望大家可以拥有更全面的能力矩阵，有更好的职业发展。因为我们相信，不讲 EHS 的化工、不讲 EHS 的工业都是落后的，都终将会被淘汰，人也一样。

 思考题

1. 什么是 EHS？EHS 关注哪些主要内容？

2. 本系列课程的六大模块是什么？请简要说明各模块的内容。

3. 为什么说 EHS 就在我们的日常生活中？请举例说明。

4. 中国经济结构调整与公众的环保意识增强之间有何关系？

5. 工业企业管理人员应该具备哪些 EHS 基础知识？

◆ **参考文献** ◆

[1]  修光利，李涛. 企业环境健康安全风险管理. 北京：化学工业出版社， 2017.

[2]  中华人民共和国环境保护法.

[3]  中华人民共和国安全生产法.

[4]  祁有红，祁有金. 第一管理. 北京：北京出版社出版集团， 2007.

[5]  祁有红. 安全精细化管理. 北京：新华出版社， 2009.

[6]  盖尔·伍德赛德. 环境、安全与健康工程. 毛海峰，等译. 北京：化学工业出版社， 2006.

# 第二章 风险管理

## 第一节 EHS 是基于风险的管理

什么是风险？什么是安全？请思考一下两者概念是否相同？有何不同？

是否存在绝对的安全情形？

什么是危害？危害与风险有何不同？

很多人都有闯红灯的经历，而且在闯红灯之前都会评估一下风险，评估是否可以安全地穿越马路。为何大家都评估了还有那么多人葬身车轮之下？

你听说过哪些发生在宿舍和实验室的火灾事件？有何感想？你身边有这样的风险吗？该如何应对？

### 一、基本概念

（1）风险　根据《危险化学品生产、储存装置个人可接受风险标准和社会可接受风险标准（试行）》（国家安全监管总局，2014 年第 13 号），风险是指发生特定危害事件的可能性以及发生事件后果严重性的结合。

以上对风险的定义不限于任何行业，是一个"通用"的"宽泛"定义，因而可以用于金融投资风险评估，也可以用于安全事故的风险评估，还可以用于自然灾害、交通事故、人群健康等其他领域的风险评估。用数学公式表示如下：

$$R = PC$$

风险值（risk）＝事故概率（possibility）×事故后果（consequence）

事故概率即特定危害事件的可能性，一般用时间频次表示，如 $10^{-3}$ 次/年。

事故后果即事件后果的严重性，一般用致死人数或财产损失数等表示。

（2）风险评估　通过对事故发生的频率和后果进行定量分析，得出事件的风险值，并与风险可接受标准进行对比，从而得出该事件的风险是否可接受的方法。

（3）风险管理　把风险可能造成的不良影响减至最低的管理过程。

（4）危害识别　确定危害因素、类型和特征的过程，也称为风险识别。

（5）危害　可能造成人员伤害、职业病、财产损失、环境破坏或其组合的根源或状态。

（6）事故　造成死亡、职业病、财产损失、环境破坏的事件。

（7）事件　导致或可能导致事故的事情。

（8）安全　是对一种相对状态的描述，即风险可接受的状态谓之安全。

安全永远是相对的，"汝之蜜糖，彼之砒霜"，世上没有绝对的安全，所以随时都要小心。如图2-1所示的鸭妈妈，经过格栅时，虽然她进行了风险评估，认为自己能够安全通过，但是她没有站在孩子的角度进行风险评估，导致除了老大，其他孩子都掉进了下水道。

危害、风险及事故的概念在日常生活中经常会混淆，图2-2可以直观地描述危害、风险和事故的关系。

图 2-1　鸭妈妈带宝宝过格栅

由图2-2可见，危害是客观存在的，如何不要让它演化为风险，特别是事故后果呢？当没有人在危石下面时，虽然危害存在，但是并不构成风险，只有当风险受体存在时才构成风险。图2-3也一样，狮子的存在就是危害，但是如果设置了风险防范措施（墙），则可以消除风险。

危害　　　　　　　　风险　　　　　　　　事故

图 2-2　危害、风险和事故的关系

危害(hazard)= 引发事故的条件：狮子　　　　消除的是风险

图 2-3　消除风险的一种方式

## 二、风险管理概述

风险管理可以分为危害识别、风险评估和风险控制三部分。

风险管理的流程如图 2-4 所示。

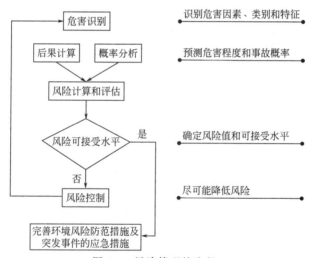

图 2-4　风险管理的流程

1. 准备阶段

收集被评估对象的危害信息，收集相关法律、法规、技术标准，工程、系统的技术资料。

2. 危害识别

辨识和分析被评估对象的危害因素、类别和特征，确定危险、有害因素的部位、存在的方式、事故发生的途径及变化规律等。通常需考虑三种时态和三种状态，即过去、现在、将来和正常、异常和紧急。

3. 风险评估

在危害识别的基础上，选择合理的评估方法，对评估对象的危害发生事故的可能性和严重程度进行定性/定量的评估，确定风险值和可接受水平。

4.风险控制

根据定性/定量评估的结果，对于不可接受的风险，提出消除或减弱的技术和管理措施及建议。

开展风险评估的目的是为了识别危害，判断风险是否可以接受，进而管理风险。风险管理就是消除和管理这些事故概率相对较大，事故后果相对较严重的事件。一个重大事故的发生必然以多个底层事故为基础，消除基础风险，可有效减少各类事故的发生。

# 第二节　危害识别

危害识别是确定危害因素、类型和特征的过程，也称为风险识别。危害无处不在，所以识别危害、了解危害因素、确定危害类型、掌握危害特征非常重要。

如下三个问题有助于识别危害：

① 存在什么危害（危害源）？

② 谁会受到伤害（受体）？

③ 危害怎样发生（途径）？

危害的分类方式非常多，可按照危害存在的地点、发生原因、影响对象及引发因素等分成以下几种：

① 根据危害可能发生的地点，有：办公场所危害、作业场所职业危害、旅行危害等；

② 根据危害发生的原因，有：工艺危害、设备危害、机械危害、电气危害等；

③ 根据危害的影响对象，有：环境危害、人群健康危害、听力损失危害等；

④ 根据危害的引发因素，有：化学品危害、热辐射危害、噪声危害等。

本章重点介绍作业场所的职业危害和导致事故的生产过程危害。

## 一、作业场所的职业危害识别

作业场所的职业危害按照危害因素可以分为粉尘因素危害、化学因素危害、物理因素危害、放射性因素危害、生物因素危害和其他因素危害等6种。

按照国家《职业病危害因素分类目录》（2015版），作业场所的职业病危害因素包含52项粉尘因素、375项化学因素、15项物理因素、8项放射性因素、6项生物因素以及3项其他因素。各危害因素简要介绍如下：

① 粉尘因素主要包括煤尘、石墨粉尘、炭黑粉尘、石棉粉尘、铝尘等；

② 化学因素主要包括各类重金属、腐蚀性化学品、有毒有害化学品等；

③ 物理因素主要包括噪声、高温、振动、激光、低温、高低气压、电磁场等;

④ 放射性因素主要包括各类电离辐射和放射性物质产生的辐射等;

⑤ 生物因素主要包括艾滋病病毒、布鲁氏菌、森林脑炎病毒、炭疽芽孢杆菌等;

⑥ 其他因素包括金属烟、井下不良作业和刮研作业等。

## 二、生产过程的危险和有害因素识别

按照《生产过程危险和有害因素分类与代码》(GB/T 13861—2009),将生产过程中的危险和有害因素分为 4 大类。

1. 人的因素

① 心理、生理性危险和有害因素。

② 行为性危险和有害因素。

2. 物的因素

① 物理性危险和有害因素 (图 2-5)。

② 化学性危险和有害因素。

③ 生物性危险和有害因素。

图 2-5 噪声

图 2-6 叉车

3. 环境因素

① 室内作业场所环境不良 (图 2-6)。

② 室外作业场所环境不良。

③ 地下 (含水下) 作业环境不良。

④ 其他作业环境不良。

4. 管理因素

① 职业安全卫生组织机构不健全。

② 职业安全卫生责任制未落实。

③ 职业安全卫生管理规章制度不完善。

④ 职业安全卫生投入不足。

⑤ 职业健康管理不完善。

⑥ 其他管理因素缺陷。

### 三、化学品的危害识别

在以上各类危害中，与我们工作接触最多的是化学品，特别是危险化学品的危害。因而，熟悉和了解危险化学品危害至关重要。

图 2-7　危险化学品危害性象形图

危险化学品是指具有毒害、腐蚀、爆炸、燃烧、助燃等性质，对人体、设施、环境具有危害的剧毒化学品和其他化学品（图 2-7）。

依据《化学品分类和危险性公示通则》（GB 13690—2009），化学品的危害可以按理化、健康、环境危险的性质共分 3 大类。

1.化学品理化危险

（1）爆炸物　爆炸物质（或混合物）是这样一种固态或液态物质（或物质的混合物），其本身能够通过化学反应产生气体，而产生气体的温度、压力和速度能对周围环境造成破坏。其中也包括发火物质，即使它们不放出气体。

发火物质（或发火混合物）是这样一种物质或物质的混合物，它旨在通过非爆炸自持放热化学反应产生的热、光、声、气体、烟或所有这些的组合来产生效应。

爆炸性物品是含有一种或多种爆炸性物质或混合物的物品。

烟火物品是包含一种或多种发火物质或混合物的物品。

爆炸物种类包括：

① 爆炸性物质和混合物。

② 爆炸性物品，但不包括下述装置：其中所含爆炸性物质或混合物由于其数量或特性，在意外或偶然点燃或引爆后，不会由于迸射、发火、冒烟或巨响而在装置之处产生任何效应。

③ 在上述两种中未提及的为产生实际爆炸或烟火效应而制造的物质、混合物和物品。

（2）易燃气体　在 20℃和 101.3 kPa 标准压力下，与空气有易燃范围的气体。

（3）易燃气溶胶　气溶胶是指气溶胶喷雾罐，系任何不可重新灌装的容器，该容器由金属、玻璃或塑料制成，内装强制压缩、液化或溶解的气体，包含或不包含液体、膏剂或粉末，配有释放装置，可使所装物质喷射出来，形成在气体中悬浮的固态或液态微粒或形成泡沫、膏剂或粉末或处于液态或气态。

（4）氧化性气体　氧化性气体是一般通过提供氧气，比空气更能导致或促使其他物质燃烧的任何气体。

（5）压力下气体　压力下气体是指高压气体在压力等于或大于200kPa（表压）下装入贮器的气体，或是液化气体或冷冻液化气体。

压力下气体包括压缩气体、液化气体、溶解液体、冷冻液化气体。

（6）易燃液体　易燃液体是指闪点不高于93℃的液体。根据《化学品分类和标签规范　第七部分：易燃液体》（GB 30000.7—2013），易燃液体分为四类，见表2-1。

表 2-1　易燃液体分类

| 类　别 | 标　准 |
| --- | --- |
| 1 | 闪点小于23℃且初沸点不大于35℃ |
| 2 | 闪点小于23℃且初沸点大于35℃ |
| 3 | 闪点不小于23℃且不大于60℃ |
| 4 | 闪点大于60℃且不大于93℃ |

（7）易燃固体　易燃固体是易于燃烧的固体或通过摩擦可能起火的固体。

易于燃烧的固体为粉状、颗粒状或糊状物质，它们在与燃烧着的火柴等火源短暂接触即可点燃，火焰迅速蔓延，非常危险。

（8）自反应物质　自反应物质是指即便没有氧（空气）也容易发生激烈放热分解的热不稳定液态或固态物质或混合物。本定义不包括根据统一分类制度分类为爆炸物、有机过氧化物或氧化物质的物质和混合物。

自反应物质或混合物如果在实验室试验中其组分容易起爆、迅速爆燃或在封闭条件下加热时显示剧烈效应，应视为具有爆炸性质。

（9）自燃液体　自燃液体是即使数量小也能在与空气接触后5min之内引燃的液体。

（10）自燃固体　自燃固体是即使数量小也能在与空气接触后5min之内引燃的固体。

（11）自热物质和混合物　自热物质是发火液体或固体以外，与空气反应不需要能源供应就能够自己发热的固体、液体物质或混合物；这类物质或混合物与发火液体或固体不同，只有数量很大（公斤级）并经过长时间（几小时或几天）才会燃烧。

（12）遇水放出易燃气体的物质或混合物　遇水放出易燃气体的物质或混合物是通过与水作用，容易具有自燃性或放出危险数量的易燃气体的固态、液态物质或混合物。

（13）氧化性液体　氧化性液体是本身未必燃烧，但通常因放出氧气可能引起或促使其他物质燃烧的液体。

（14）氧化性固体　氧化性固体是本身未必燃烧，但通常因放出氧气可能引起或促使其他物质燃烧的固体。

（15）有机过氧化物　有机过氧化物是含有二价—O—O—结构的液态或固态有机物质，可以看作是一个或两个氢原子被有机基替代的过氧化氢衍生物。该术语也包括有机过氧化物配方（混合物）。有机过氧化物是热不稳定物质或混合物，容易放热自加速分解。另外，它们可能具有下列一种或几种性质：

① 易于爆炸分解；

② 迅速燃烧；

③ 对撞击或摩擦敏感；

④ 与其他物质发生危险反应。

如果有机过氧化物在实验室试验中，在封闭条件下加热时组分容易爆炸、迅速爆燃或表现出剧烈效应，则可认为它具有爆炸性质。

（16）金属腐蚀剂　腐蚀金属的物质或混合物，是通过化学作用显著损坏或毁坏金属的物质或混合物。

2.化学品健康危险性

（1）急性毒性　急性毒性是指在单剂量或在24h内多剂量口服或皮肤接触一种物质，或吸入接触4h之后出现的有害效应。

（2）皮肤腐蚀/刺激　皮肤腐蚀是对皮肤造成不可逆损伤；即施用试验物质达到4h后，可观察到表皮和真皮坏死。

腐蚀反应的特征是溃疡、出血、有血的结痂，而且在观察期14天结束时，皮肤、完全脱发区域和结痂处由于漂白而褪色。应考虑通过组织病理学来评估可疑的病变。

皮肤刺激是施用试验物质达到4h后对皮肤造成可逆损伤。

（3）严重眼损伤/眼刺激　严重眼损伤是在眼前部表面施加试验物质之后，对眼部造成在施用21天内并不完全可逆的组织损伤，或严重的视觉物质衰退。

眼刺激是在眼前部表面施加试验物质之后，在眼部产生在施用21天内完全可逆的变化。

（4）呼吸或皮肤过敏　呼吸过敏物是吸入后会导致气管超过敏反应的物质。皮肤过敏物是皮肤接触后会导致过敏反应的物质。

（5）生殖细胞致突变性　本危险类别涉及的主要是可能导致人类生殖细胞发

生可传播给后代的突变的化学品。但是，在本危险类别内对物质和混合物进行分类时，也要考虑活体外致突变性/生殖毒性试验和哺乳动物活体内体细胞中的致突变性/生殖毒性试验。

（6）致癌性 致癌物一词是指可导致癌症或增加癌症发生率的化学物质或混合物。在实施良好的动物实验性研究中诱发良性和恶性肿瘤的物质也被认为是假定的或可疑的人类致癌物，除非有确凿证据显示该肿瘤形成机制与人类无关。

（7）吸入危险 化学品通过口腔或是鼻腔直接进入或是因呕吐间接进入器官和下呼吸系统，对人类造成吸入毒性危险。

3. 化学品环境危险性

（1）危害水生环境 包括急性水生毒性和慢性水生毒性。

急性水生毒性是指物质对短期接触它的生物体造成伤害的固有性质。

慢性水生毒性是指物质在与生物体生命周期相关的接触期间对水生生物产生有害影响的潜在性质或实际性质。

（2）危害大气环境 挥发性有机物（VOCs）等挥发进入大气，发生一系列光化学反应而生成雾霾（$PM_{2.5}$）及臭氧（$O_3$）等多种危害物质。

关于化学品的危害，其重要的信息来源为化学品安全技术说明书（SDS，又称 MSDS），共包含 16 部分内容，具体见本书相关章节的介绍。为了更好地识别化学品的危害，需要特别注意第 2 部分（危险性概述）、第 9 部分（理化特性）、第 11 部分（毒理学资料）、第 12 部分（环境毒理学资料）等信息。

## 四、危害识别方法

在危害分析的方法中，工艺危害分析（process hazard analysis，PHA）是常用的，也是有效的方法。

工艺危害分析（PHA），也称过程危险分析，即将事故过程模拟分析，也就是在一个系列的假设前提下按理想的情况建立模型，将复杂的问题或现象用数学模型来描述，对事故的危险类别、出现条件、后果等进行概略分析，尽可能评估出潜在的危险性。过程危险分析主要用来分析泄漏、火灾、爆炸、中毒等常见的重大事故造成的热辐射、炸波、中毒等不同的化学危害。

工艺危害分析（PHA）是工艺安全管理（PSM）的核心要素。PHA 可以为企业的管理者和决策者提供有价值的信息，用以提高工艺装置的安全水平和减少可能出现的危害性后果及损失。

1. 可供选用的 PHA 的常用方法

（1）定性方法 What-If、检查表、What-If/检查表、危险与可操作性（HAZOP）。

（2）半定量方法 保护层分析（LOPA）、故障模式及后果分析（FMEA）。

（3）定量方法 定量危害分析（QRA）。必须根据自身的复杂程度、规模、危险程度、折旧程度等多种因素，选择一种合适的方法进行 PHA 活动。并且 PHA 活动应该每隔至多 5 年就重新进行一次。

工艺危害分析（PHA）是有组织、系统地对工艺装置或设施进行危害辨识，为消除和减少工艺过程中的危害、减轻事故后果提供必要的决策依据。

工艺危害分析关注设备、仪表、公用工程、人为因素及外部因素对于工艺过程的影响，着重分析着火、爆炸、有毒物泄漏和危险化学品泄漏的原因和后果。

工艺危害分析是件很耗费时间的工作，但是意义重大。工厂需要根据自身工艺的特点选择适当的危害分析方法。对于化工厂和石化工厂，目前最普遍采用的危害分析方法是 HAZOP，同时辅助采用安全检查表法弥补 HAZOP 方法的某些不足。

2.危害识别需要参考的资料

为确保危害识别更为充分，降低事故风险，如下文件需要在开展危害识别时考虑：

① 公司 EHS 文件；
② 详细的工艺流程图；
③ 事故报告和职员受伤记录；
④ 安全操作程序和指南；
⑤ 设备操作手册；
⑥ 以往的危害和风险评估；
⑦ 程序文件和作业指导书；
⑧ 国内、国际的法律法规、标准；
⑨ 设备技术规格说明书和维护记录。

# 第三节　风险评估

对危害进行识别后，就要对其风险进行评估，也便于采取针对性的措施。

## 一、定性与定量风险评估

风险评估的方法分为定性评估和定量评估两种类型。

1.定性评估

定性评估主要是根据经验和直观判断，对评估对象的过程（工艺）、设备、设施、环境、人员和管理等方面进行定性分析的方法。定性评估通常将可能性的大小和后果的严重程度及风险程度分别用语言或相对差距的数值或等级来表示，评估的指标通常是定性的指标，如高风险、中等风险或低风险。

定性评估的主要方法有安全检查表法、风险矩阵法、作业条件风险性评估法（LEC）、危险可操作性研究法（HAZOP）等。

定性评估的特点是：容易理解、便于掌握、评估过程简单。目前定性评估法在国内外企业安全管理工作中被广泛使用。但由于定性评估法往往依靠经验，带有一定局限性，评估结果会因为参加评估人员的经验和精力等存在差异。

**2.定量评估**

定量评估是基于大量的实验结果和广泛的事故资料统计分析获得的指标或规律，对评估对象进行定量的计算，其结果是一些定量的指标，如事故发生的概率、事故的伤害（或破坏）范围、定量的危险性、事故致因因素的事故关联度或重要度等。

按照评估结果的类别的不同，定量评估可以分为概率风险评估法、伤害（或破坏）范围评估法和危险指数评估法。

（1）概率风险评估法　概率风险评估法是根据事故的基本致因因素的发生概率，利用数理统计中的概率分析方法，求取事故基本致因因素的关联度（或重要度）或整个评估系统的事故发生概率的评估方法。故障类型及影响分析、事故树分析、逻辑树分析、概率理论分析、马尔科夫模型分析、模糊矩阵法、统计图表分析法等都可以由基本致因因素的发生概率来计算整个系统的事故发生概率。

概率风险评估法是建立在大量的实验室和事故统计分析的基础上。因此，评估结果的可信度较高。

（2）伤害（或破坏）范围评估法　伤害（或破坏）范围评估法是根据事故的数学模型，应用数学计算方法，求取事故对人员的伤害范围或对物体的破坏范围的安全评估方法。液体泄漏模型、气体泄漏模型、气体绝热扩散模型、池火火焰与辐射强度评估模型、火球爆炸伤害模型、爆炸冲击波超压伤害模型、蒸气云爆炸超压破坏模型等都属于伤害（或破坏）范围评估法。

伤害（或破坏）范围评估法是应用数学模型进行计算，只要计算模型所需要的初值和边值选择合理，就可以获得可信的评估结果。但该类评估方法计算量大，特别是初值和边值选取往往比较困难，因此若初值或边值的选取稍有偏差，评估结果就会出现较大失真。因此，该类评估方法适用于系统的事故模型和初值与边值比较确定的评估系统。

（3）危险指数评估法　危险指数评估法是应用系统的事故指数模型，根据系统及其物质、设备和工艺的基本性质和状态，采用推算的办法，逐步给出事故的可能损失、引起事故发生或使事故扩大的设备、事故危险性以及采取安全措施的有效性的安全评估方法。常用的危险指数法有：DOW 火灾爆炸危险指数法、蒙德火灾爆炸毒性指数评估法等。

危险指数评估法同时含有事故发生的可能性和事故后果两方面的因素，避免了事故概率和事故后果难以确定的缺点。但该方法对安全保障实施的功能重视不够，导致相似的系统，即使实际安全水平有很大的差异，其评估结果也基本相同。

下面将重点介绍两种常用的风险评估方法。

## 二、风险矩阵法

风险矩阵法是通过综合考虑风险后果和概率两方面的因素进行风险评估的方法。风险矩阵法通常根据对后果和概率分级的不同分为 3×4 矩阵、4×4 矩阵等。

$$风险(R)＝严重程度(C)×发生频率(F)$$

以 3×4 风险矩阵为例：

（1）严重程度（$C$）　将严重程度（$C$）分成 A、B、C 三个等级，见表 2-2。

**表 2-2　严重程度（$C$）等级**

| 等级 | 分值 | 备注 |
|------|------|------|
| A 级危险 | 4 分 | 能引起死亡、重伤或永久性的功能丧失、疾病 |
| B 级危险 | 2 分 | 能引起员工工时损失的受伤和疾病 |
| C 级危险 | 1 分 | 仅引起需要急救处理的受伤和疾病 |

（2）发生频率（$F$）　将发生频率（$F$）分为四个等级，分别如表 2-3 所示。

**表 2-3　发生频率（$F$）等级**

| 等级 | 分值 |
|------|------|
| 非常可能 | 8 分 |
| 可能 | 4 分 |
| 不太可能 | 2 分 |
| 几乎不可能 | 1 分 |

由此而形成 3×4 的风险评估矩阵，见表 2-4。

**表 2-4　风险评估矩阵[①]**

| 风险评估矩阵 | A 级（4 分） | B 级（2 分） | C 级（1 分） |
|------|------|------|------|
| 非常可能（8 分） | Ⅰ-32 | Ⅰ-16 | Ⅱ-8 |
| 可能（4 分） | Ⅰ-16 | Ⅱ-8 | Ⅲ-4 |
| 不太可能（2 分） | Ⅱ-8 | Ⅲ-4 | Ⅳ-2 |
| 几乎不可能（1 分） | Ⅲ-4 | Ⅳ-2 | Ⅳ-1 |

① 风险的分级、矩阵的分值等可根据需要划分，并非一定要 3×4 形式，也可为其他形式。

4×4 风险矩阵表将风险分为四个风险等级，针对不同等级的风险有不同处理建议，具体见表 2-5。

表 2-5　风险等级及需要采取的行动

| 风险等级 | 描述 | 需要采取的行动 |
|---|---|---|
| Ⅰ | 不能容忍 | 应当立即停止使用,落实工程控制措施,把风险降低到Ⅲ级或以下 |
| Ⅱ | 不希望发生 | 采取工程控制措施,在不超过 6 个月内把风险降低到Ⅲ级或以下 |
| Ⅲ | 有条件容忍 | 应当确认程序或控制措施已经落实,强调管理措施 |
| Ⅳ | 可以容忍 | 不需要采取措施降低风险 |

## 三、作业条件危险性评估法

作业条件危险性评估法（LEC）用与系统风险有关的三种因素之积来评估操作人员伤亡风险大小，这三种因素是：

$$风险值(R)=严重程度(C)×暴露频率(E)×事故可能性(L)$$

式中　$C$——一旦发生事故可能造成的后果的严重性；

$E$——人员暴露于危险环境中的频繁程度；

$L$——事故发生的可能性。

以上的 $EL$（暴露频率×事故可能性）代表了"事故概率"。

1. 暴露频率（$E$）

显示一种危险的情况多长时间发生一次。它可以指使用有毒化学品或者危险设备时的暴露情况。

暴露频率的分级标准如表 2-6 所示。

表 2-6　暴露频率[①]

| 级别 | 暴露频次 | 因　子 |
|---|---|---|
| 很少 | <1 次/年 | 0.5 |
| 少 | 几次/年 | 1 |
| 有时 | 1~2 次/月 | 2 |
| 时而 | 1 次/周 | 3 |
| 频繁 | 1 次/天 | 6 |
| 持续 | >2 次/天 | 10 |

① 暴露频率针对不同的事故情形是不同的，比如相对于暴露在有毒化学品的环境时，$10^{-1}$ 次/年也可能视为高暴露频率；对于灾难性事故，$10^{-4}$ 次/年也是难以忍受的高暴露频率。

2. 严重程度（$C$）

显示发生的状况的严重程度。严重程度的分级标准见表 2-7。

表 2-7　严重程度分级①

| 级别 | 严重程度 | 因子 |
| --- | --- | --- |
| 微小的 | 急救事件 | 1 |
| 较大的 | 医疗处理或限工事件 | 4 |
| 严重的 | 不可恢复的影响、障碍、损工事件 | 7 |
| 危急的 | 一个死亡，立即或过后的 | 15 |
| 灾难的 | 一个以上的死亡，立即或过后的 | 40 |

① 对于初始的风险，当评估某特定事件的严重性时，不要考虑个体防护措施（PPE）或管理程序的有效性。

### 3. 事故可能性（$L$）

指实际事件发生所造成影响的概率有多大（如表 2-7 里所定义的）。这是主观上的判断，是最困难的评估，见表 2-8。

表 2-8　事故可能性分级

| 级　别 | 事故可能性 | 因　子 |
| --- | --- | --- |
| 实际上不可能 | ＞20 年、一生只发生一次、只是理论上的事件 | 0.2 |
| 有可能性,但实际不可能 | 生涯里只发生一次（1 次/20 年） | 0.5 |
| 极少可能 | 1 次/10 年 | 1 |
| 不经常,但可能 | 不寻常（1 次/3 年） | 3 |
| 相当可能 | 1 次/6 个月 | 6 |
| 完全会被预料到 | 1 次/周 | 10 |

对于初始风险，不要考虑 PPE、标准操作程序和技术上的预防（工程控制）；对于实际风险，要考虑 PPE、标准操作程序和技术上的预防。

作为指南，假如考虑一种情景是可能要发生的，则事故可能性因子一般等于 3。可能性针对不同的事故情形是不同的，比如相对于致死频率而言，$10^{-3}$ 次/年（千年一次）也属于高可能性事件，但是对于摔倒等小的事件来说，$10^{-1}$ 次/年（十年一次）也属于低可能性事件。

### 4. 风险评分的解释

根据公式：风险值（$R$）＝严重程度（$C$）×暴露频率（$E$）×事故可能性（$L$），按照以上的各个分值可以计算出 $R$。不同等级的 $R$ 可按照表 2-9 来分级。

表 2-9　风险分级与解释

| 分数值 | 风险级别 | 危险程度 |
| --- | --- | --- |
| 大于 200 | 一级 | 极其危险,不能继续作业（制定风险控制方案及应急方案） |

续表

| 分数值 | 风险级别 | 危 险 程 度 |
|--------|----------|-------------|
| 70～200 | 二级 | 显著危险,需要整改(编制风险控制方案) |
| 20～70 | 三级 | 一般危险,需要注意 |
| 小于20 | 四级 | 稍有危险,可以接受 |

根据风险矩阵表,LEC 法也将风险级别分为四级,针对不同等级的风险,都有相应的处理建议。

# 第四节　风险控制

## 一、风险控制措施

根据风险评估的结果及经营运行情况等,确定优先控制的顺序,采取措施消减风险,将风险控制在可以接受的程度,预防事故的发生。

风险控制措施的优先顺序为:排除、替代、工程控制、隔离、降低接触时间、个体防护设备、程序/培训,如图 2-8 所示。

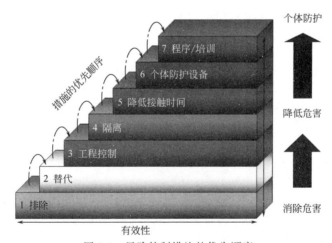

图 2-8　风险控制措施的优先顺序

下面以《使用有毒物品作业场所劳动保护条例》(国务院令第 352 号,2002年 5 月 12 日起施行,以下简称《条例》)为例,介绍风险控制各措施的含义和实施方法。

1. 排除

通过政策、制度和标准,阻止高风险活动的发生。《条例》规定,从事使用有毒物品作业的用人单位（以下简称用人单位）应当使用符合国家标准的有毒物品，不得在作业场所使用国家明令禁止使用的有毒物品或者使用不符合国家标准的有毒物品。按照有毒物品产生的职业中毒危害程度，有毒物品分为一般有毒物品和高毒物品。国家对作业场所使用高毒物品实行特殊管理。

### 2. 替代

使用低风险的可行性方案来替代高风险方案。《条例》第一章总则中的第四条规定，用人单位应当尽可能使用无毒物品；需要使用有毒物品的，应当优先选择使用低毒物品。

### 3. 工程控制

从工艺和设备方面采取措施，改进现场作业环境，降低风险。《条例》第二章第十一条规定，可能突然泄漏大量有毒物品或者易造成急性中毒的作业场所，设置自动报警装置和事故通风设施。

### 4. 隔离

《条例》第二章第十一条规定，用人单位的使用有毒物品作业场所，除应当符合《职业病防治法》规定的职业卫生要求外，还必须符合下列要求：作业场所与生活场所分开，作业场所不得住人；有害作业与无害作业分开，高毒作业场所与其他作业场所隔离。

### 5. 降低接触时间

用人单位需合理安排生产和作业制度，可有效地减少劳动者每个工作班的有毒物品的接触总量，从而达到降低职业病危害程度的目的。但在有害物品毒性较大、浓度很高的情况下，即使短时间接触，也有可能造成严重的职业病伤害。因此需要结合使用其他更为有效的风险控制措施，如排除、替代、工程控制、隔离措施等。

### 6. 个体防护设备

个体防护设备（personal protective equipment，PPE）指任何供个人防备一种或多种损害健康和安全的危险而穿着或持用的装置或器具，主要用于保护员工免受由于接触化学辐射、电动设备、人力设备、机械设备或在一些危险工作场所而引起的严重的工伤或疾病。《条例》第三章第二十一条规定，用人单位应当为从事使用有毒物品作业的劳动者提供符合国家职业卫生标准的防护用品，并确保劳动者正确使用。

### 7. 程序/培训

《条例》第三章第十九条规定，用人单位有关管理人员应当熟悉有关职业病防治的法律、法规以及确保劳动者安全使用有毒物品作业的知识。用人单位应当对劳动者进行上岗前的职业卫生培训和在岗期间的定期职业卫生培训，普及有关职业卫生知识，督促劳动者遵守有关法律、法规和操作规程，指导劳动者正确使用职业中毒危害防护设备和个人使用的职业中毒危害防护用品。劳动者经培训考核合格，方可上岗作业。

## 二、安全标识

现场安全标识作为风险控制管理措施，可以帮助我们更好地向工作人员警示工作场所或周围环境的危险状况，指导人们采取合理行为。根据《安全标志及其使用导则》（GB 2894—2008），安全标志是用以表达特定安全信息的标志，由图形符号、安全色、几何形状（边框）或文字构成。安全标志能够提醒工作人员预防危险，从而避免事故发生；当危险发生时，能够指示人们尽快逃离，或者指示人们采取正确、有效、得力的措施，对危害加以遏制。安全标志不仅类型要与所警示的内容相吻合，而且设置位置要正确合理，否则就难以真正充分发挥其警示作用。

安全标志分为禁止标志、警告标志、指令标志、提示标志、补充标志。

1. 禁止标志

禁止人们不安全行为的图形标志。

如仓库中的禁止吸烟的红色禁止标志，见图 2-9。

禁止标志的几何图形是带斜杠的圆环，圆环与斜杠相连，用红色；图形符号用黑色，背景用白色。

GB 2894 规定的禁止标志共有 28 个，如与电力相关为禁放易燃物、禁止吸烟、禁止通行、禁止烟火、禁止用水灭火、禁带火种、运转时禁止加油、禁止跨越、禁止乘车、禁止攀登等。

2. 警告标志

提醒人们对周围环境引起注意，以避免可能发生危险的图形标志。

如配电箱上的当心触电的黄色警告标志，见图 2-10。

图 2-9 禁止标志　　　　图 2-10 警告标志

警告标志的几何图形是黑色的正三角形、黑色符号和黄色背景。

GB 2894 规定的警告标志共有 30 个，如与电力相关为注意安全、当心触电、当心爆炸、当心火灾、当心腐蚀、当心中毒、当心机械伤人、当心伤手、当心吊物、当心扎脚、当心落物、当心坠落、当心车辆、当心弧光、当心冒顶、当心瓦斯、当心塌方、当心坑洞、当心电离辐射、当心裂变物质、当心激光、当心微波、当心滑跌等。

**3. 指令标志**

强制人们必须做出某种动作或采取防范措施的图形标志。

如交通道路上的请走人行道的蓝色指令标志，见图2-11。

指令标志的几何图形是圆形、蓝色背景、白色图形符号。

指令标志共有15个，如与电力相关为必须戴安全帽、必须穿防护鞋、必须系安全带、必须戴防护眼镜、必须戴防毒面具、必须戴护耳器、必须戴防护手套、必须穿防护服等。

**4. 提示标志**

向人们提供某种信息（如标明安全设施或场所等）的图形标志。

如建筑物中的安全出口绿色标志，见图2-12。

图 2-11　指令标志

图 2-12　提示标志

提示标志的几何图形是方形，绿、红色背景，白色图形符号及文字。

提示标志共有13个，其中一般提示标志（绿色背景）有6个，如安全通道、太平门等；消防设备提示标志（红色背景）有7个：消防警铃、火警电话、地下消火栓、地上消火栓、消防水带、灭火器、消防水泵结合器。

**5. 补充标志**

补充标志是对前述四种标志的补充说明，以防误解。

补充标志分为横写和竖写两种。横写的为长方形，写在标志的下方，可以和标志连在一起，也可以分开；竖写的写在标志的上方。

补充标志的颜色：竖写的，均为白底黑字；横写的，用于禁止标志的红底白字，用于警告标志的白底黑字，用于指令标志的蓝底白字。

其他安全警示如化学品危害告知卡、职业病危害告知卡（见图2-13）等。

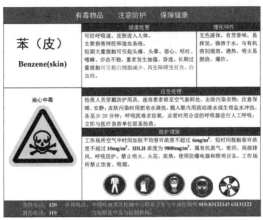

图 2-13 化学品危害告知卡

《条例》第二章第十二条规定，使用有毒物品作业场所应当设置黄色区域警示线、警示标识和中文警示说明。警示说明应当载明产生职业中毒危害的种类、后果、预防以及应急救治措施等内容。高毒作业场所应当设置红色区域警示线、警示标识和中文警示说明，并设置通信报警设备。

在企业管理中，合适的风险控制措施需要 EHS 部门、技术部门、使用部门和维修部门等各相关部门一起评估、讨论和选择。每个步骤都需要依次逐一进行考虑，选择可行的控制措施，进行组合使用，来降低生产过程中的风险，直到风险降低为低风险，降低到可接受标准，方称之为安全。

在选择风险控制措施的时候，需要考虑以下三个因素：可行性、安全性、可靠性。

（1）可行性　在配电房入口，闪电式的触电警告标志比感叹号警告标志来得更为直观；化学品危害告知卡在化学品现场管理过程中，相较于化学品安全技术说明书（safety data sheet，SDS）能更迅速让员工了解其风险、操作要求、应急操作措施和应急处理方式。

（2）安全性　高处作业中，稳固、防护完好的操作平台比使用直梯更为安全。

（3）可靠性　选择的控制措施要可靠，不能带来新的风险。

分析好的控制措施需要形成行动计划，并对控制措施状态进行跟踪，确保措施得到完成。风险控制措施实施后需重新进行风险评估，直至风险评估结果显示在可控范围内。

## 三、风险措施的监控

企业安全管理要建立一个长效机制，还需要对风险控制措施不断地进行监控和检查。风险监控是对风险可接受状态维护的过程，需要用人单位所有部门和人员的不断努力才能实现。

通过对人员行为的观察、对作业环境的监测和观察、来自各个方面的审核和检查等监督风险控制措施的落实情况，提出不断完善的要求，从而起到对风险控制措施的监控作用。

至此，长效的 EHS 风险管理机制包括：危害识别、风险评估、风险控制，三个过程环环相扣，缺一不可。

风险管理的过程可以概括为：对风险有所认识，了解危害的类型和特征是危害识别；对风险的经验、情感所形成的风险意识和可接受程度是风险评估；经过培训掌握控制风险的知识和技能，并在行动上降低风险是风险控制；通过反思反省和检查对风险进行监控，使得工作和生活在一个风险可接受的环境，即安全的环境中。

# 第五节　作业安全

2019 年 4 月 15 日，位于山东济南市某制药有限公司四车间地下室，在冷媒系统管道改造过程中，发生重大着火中毒事故，造成 10 人死亡，12 人受伤，直接经济损失 1867 万元。事故原因是：该公司四车间地下室管道改造作业过程中，违规动火作业引燃现场堆放的冷媒增效剂（主要成分是氧化剂亚硝酸钠，有机物苯并三氮唑、苯甲酸钠），瞬间产生爆燃，放出大量氮氧化物等有毒气体，造成现场施工和监护人员中毒窒息死亡。

2019 年 5 月 16 日 11 时 10 分左右，上海市一幢厂房发生局部坍塌，造成 12 人死亡，10 人重伤，3 人轻伤，坍塌面积约 $1000 m^2$，直接经济损失约 3430 万元。经调查认定，该厂房 1 层承重砖墙（柱）本身承载力不足，施工过程中未采取维持墙体稳定措施，南侧承重墙在改造施工过程中承载力和稳定性进一步降低，施工时承重砖墙（柱）瞬间失稳后部分厂房结构连锁坍塌，生活区设在施工区内，导致群死群伤。

前面章节讲到的危害识别、风险评估、风险控制，对于作业安全管理同样适用。面对这样的危险作业导致的事故伤亡，有何感想？又该如何有效应对？

## 一、作业安全概述

《化学品生产单位特殊作业安全规范》（GB 30871—2014）于 2015 年 6 月 1 日起正式实施。在此之前，特殊作业有地方标准、行业标准，但是没有强制性的国家标准。2019 年 8 月，应急管理部危化监管司组织制修订了《化学品生产单位特殊作业安全规范（征求意见稿）》。本节中所引用定义均来自 GB 30871—2014。

## 二、作业的危害识别

化学品生产单位设备检修过程中可能涉及的动火、进入受限空间、盲板抽堵、高处、吊装、临时用电、动土、断路等，对操作者本人、他人及周围建（构）筑物、设备、设施的安全可能造成危害的作业即为特殊作业，包括以下八项特殊作业：

（1）动火作业　直接或间接产生明火的工艺设备以外的禁火区内可能产生火焰、火花或炽热表面的非常规作业，如使用电焊、气焊（割）、喷灯、电钻、砂轮等进行的作业。

（2）进入受限空间作业　进入或探入受限空间〔进出口受限，通风不良，可能存在易燃易爆、有毒有害物质或缺氧，对进入人员的身体健康和生命安全构成威胁的封闭、半封闭设施及场所，如反应器、塔、釜、槽、罐、炉膛、锅筒、管道，以及地下室、窨井、坑（池）、下水道或其他封闭、半封闭场所〕进行的作业。

（3）盲板抽堵作业　在设备、管道上安装和拆卸盲板的作业。

（4）高处作业　在距坠落基准面（坠落处最低点的水平面）2m 及 2m 以上有可能坠落的高处进行的作业。

（5）吊装作业　利用各种吊装机具将设备、工件、器具、材料等吊起，使其发生位置变化的作业过程。

（6）临时用电作业　正式运行的电源上所接的非永久性用电。

（7）动土作业　挖土、打桩、钻探、坑探、地锚入土深度在 0.5m 以上；使用推土机、压路机等施工机械进行填土或平整场地等可能对地下隐蔽设施产生影响的作业。

（8）断路作业　在化学品生产单位内交通主、支路与车间引道上进行工程施工、吊装、吊运等各种影响正常交通的作业。

特殊作业的分级及分类：

1.动火作业

（1）特殊动火作业　在生产运行状态下的易燃易爆生产装置、输送管道、储罐、容器等部位上及其他特殊危险场所进行的动火作业。

（2）一级动火作业　在易燃易爆场所进行的除特殊动火作业以外的动火作业。

（3）二级动火作业　除特殊动火作业和一级动火作业以外的禁火区的动火作业。

2.受限空间（非 GB 30871 内分类，常用管理经验分类）

（1）封闭半封闭设备　如船舱、储罐、车载槽罐、反应塔（釜）、压力容器、冷藏箱、浮筒、管道、锅炉等。

（2）地下建（构）筑物　如地下管道、地下室、地下仓库、地下工程、暗沟、隧道、涵洞、地坑、废井、地窖、污水池（井）、沼气池、化粪池、下水道、沟、井、池、建筑孔桩、地下电缆沟等。

（3）地上建（构）筑物　如储藏室、酒糟池、发酵池、垃圾站、温室、冷库、粮仓、料仓、试验场所、烟道等。

3. 高处作业

按作业高度 $h$ 分为四个区段：$2m \leqslant h \leqslant 5m$；$5m < h \leqslant 15m$；$15m < h \leqslant 30m$；$30m < h$。不存在下面所列客观危险因素的高处作业按照表 2-10 中 A 类法分级；存在一种或一种以上客观危险因素的高处作业按照表 2-10 中 B 类法分级。

表 2-10　高处作业分级

| 分类法 | 高处作业高度 | | | |
| --- | --- | --- | --- | --- |
| | $2m \leqslant h \leqslant 5m$ | $5m < h \leqslant 15m$ | $15m < h \leqslant 30m$ | $30m < h$ |
| A | Ⅰ | Ⅱ | Ⅲ | Ⅳ |
| B | Ⅱ | Ⅲ | Ⅳ | Ⅳ |

直接引起坠落的客观危险因素分为 11 种：

（1）阵风风力五级（风速 8.0m/s）以上；

（2）GB/T 4200 规定的Ⅱ级或Ⅱ级以上的高温作业；

（3）平均气温等于或低于 5℃ 的作业环境；

（4）接触温度等于或低于 12℃ 冷水的作业；

（5）作业场地有冰、雪、霜、水、油等易滑物；

（6）作业场所光线不足或能见度差；

（7）作业活动范围与危险电压带电体距离小于表 2-11 的规定；

（8）摆动，立足处不是平面或只有很小的平面，即任一边小于 500mm 的矩形平面、直径小于 500mm 的圆形平面或具有类似尺寸的其他形状的平面，致使作业者无法维持正常姿势；

（9）GB 3869 规定的Ⅲ级或Ⅲ级以上的体力劳动强度；

（10）存在有毒气体或空气中氧含量低于 19.5% 的作业环境；

（11）可能会引起各种灾害事故的作业环境和抢救突然发生的各种灾害事故。

表 2-11　作业活动范围与危险电压带电体的距离

| 危险电压带电体的电压等级/kV | ≤10 | 35 | 63～110 | 220 | 330 | 500 |
| --- | --- | --- | --- | --- | --- | --- |
| 距离/m | 1.7 | 2.0 | 2.5 | 4.0 | 5.0 | 6.0 |

4. 吊装作业

按照吊物质量（重量）$m$ 不同分为：

（1）一级吊装作业　$100t < m$。

（2）二级吊装作业　$40t \leqslant m \leqslant 100t$。

（3）三级吊装作业　$m < 40t$。

根据以上定义识别是何种类型及级别的特殊作业，结合工作安全分析（JSA）分析识别可能发生的问题与危险，识别特殊作业的危害。JSA 是指事先或定期对某项作业活动进行危害识别，并根据识别结果制定和实施相应的控制措施，以达到最大限度消除或控制风险、确保作业人员健康和安全的目的。

## 三、作业的风险评估

作业的危害识别、风险评估、风险控制通常是一起完成的，一般作业项目负责人会召集相关人员（施工作业人员、区域设施管理人员、技术人员、EHS 等）进行 JSA 分析。JSA 把一项作业分成几个步骤，识别每个步骤中可能发生的问题与危险，进而找到控制危险的措施，从而减少甚至消除事故发生。

工作安全分析（JSA），又称作业安全分析，由美国葛玛利教授 1947 年提出，是欧美企业长期使用的一套较先进的风险管理工具之一，近年来逐步被国内企业所认识并接受，率先在石油化工企业导入使用，并收到良好的成效。它能有序地对存在的危害进行识别、评估和制定实施控制措施。组织者可以指导岗位工人对自身的作业进行危害辨识和风险评估，仔细地研究和记录工作的每一个步骤，识别已有或者潜在的危害。然后，对人员、程序、设备、材料和环境等隐患进行分析，找到最好的办法来减小或者消除这些隐患所带来的风险，以避免事故的发生。JSA 流程图见图 2-14。

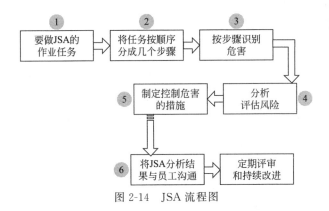

图 2-14　JSA 流程图

JSA 分析小组人员的组成：经验丰富的安全管理人员、技术精湛的专业技术人员、操作熟练的现场操作人员、实际参与作业的施工人员。JSA 小组组长由基层单位负责人指定，通常是由完成工作任务的班组长担任，必要时由技术或专业负责人担任；JSA 小组成员应由技术、安全、操作、作业等人员组成；JSA 小组应熟悉 JSA 方法，了解工作任务、区域环境和设备，熟悉相关的操作规程。表 2-12 给出了工作安全分析表的实例。

表 2-12　工作安全分析表

| 工作名称： | | 工作区域： | | 分析日期： |
|---|---|---|---|---|
| 参与分析人员： | | | | |
| 序号 | 工作步骤 | 危害辨识 | | 防范措施 |
| 1 | | | | |
| ... | | | | |

## 四、作业的风险控制

针对作业内容进行了充分的危害识别后，依据危害识别的结果由安全管理人员、专业技术人员及操作人员共同制定针对特定作业的风险控制措施，主要控制措施分类如下：

① 明确作业人员安全培训内容及资质要求；

② 明确作业现场的准备工作标准；

③ 明确合适且可靠的工具、设备、设施及个体防护用品；

④ 明确作业许可的审批人员及审批流程；

⑤ 明确紧急状态下的处理措施；

⑥ 明确作业完成及收尾工作的要求；

⑦ 作业过程中产生的废弃物处置措施。

对于化学品生产单位设备检修过程中常见的八大特殊作业，《化学品生产单位特殊作业安全规范》（GB 30871—2014）中提出了针对性的风险控制措施要求。受篇幅所限，仅做概述性介绍，详情可参考上述标准的原文。

### 1. 动火作业

（1）清理、隔离动火点及周边范围内的易燃可燃物；

（2）作业前进行动火分析；

（3）作业完成后清理现场，确认无残留火种；

（4）作业过程中配备合适的消防设施、设备；

（5）设置专门的作业监护人员。

### 2. 进入受限空间作业

（1）作业前应对受限空间进行安全隔绝；

（2）根据受限空间盛装（过）的物料特性进行清洗或置换；

（3）采取通风措施保持受限空间空气流通良好；

（4）作业前对受限空间进行气体分析；

（5）照明和用电采用安全电压；

（6）设置专门的作业监护人员。

3.盲板抽堵作业

（1）针对作业区域绘图并对盲板编号，统一指挥；

（2）作业点压力降为常压；

（3）依据作业区域物料性质佩戴合适的防护用品；

（4）作业前、中、后由作业方和区域管理方共同确认。

4.高处作业

（1）作业人员佩戴符合要求的安全带及其他防护用品；

（2）根据需求配备吊笼、梯子、挡脚板、跳板等；

（3）在轻型材料上作业应铺设牢固的脚手板并加以固定；

（4）作业使用的工具、材料、零件等应采取防坠落措施；

（5）设置专门的作业监护人员。

5.吊装作业

（1）指挥、起重操作、司索人员各司其职；

（2）按规定负荷进行吊装，吊具、索具应经计算选择使用；

（3）起吊前应进行试吊；

（4）不应靠近输电线路进行吊装作业；

（5）设置专门的作业监护人员，非作业人员禁止入内。

6.临时用电作业

（1）各类移动电源及外部自备电源不应接入电网；

（2）动力和照明线路应分路设置；

（3）在开关上接引、拆除临时用电线路时，其上级开关应断电上锁并加挂安全警示标牌；

（4）临时用电应设置保护开关，使用前应检查电气装置和保护设施的可靠性；

（5）临时用电时间一般不超过 15 天，特殊情况不应超过一个月。

7.动土作业

（1）作业现场应根据需要设置护栏、盖板和警告标志，夜间应悬挂警示灯；

（2）作业前应首先了解地下隐蔽设施的分布情况，避免损坏；

（3）作业人员在沟（槽、坑）下作业应按规定坡度顺序进行；

（4）使用机械挖掘时不应进入机械旋转半径内；

（5）深度大于 2m 时应设置保证人员快速进出设施；

（6）两个以上作业人员同时挖土时应相距 2m 以上；

（7）设置专门的作业监护人员。

**8. 断路作业**

（1）作业申请单位应会同本单位相关主管部门制定交通组织方案，保证消防车和其他重要车辆的通行；

（2）在断路的路口和相关道路上设置交通警示标志，在作业区附近设置交通警示设施；

（3）在道路上进行定点作业，作业时间白天不超过 2h、夜间不超过 1h。

特殊作业期间所采取的风险控制措施包括但不限于上述情况。企业管理人员、技术人员、作业人员应根据特定的现场情况、作业内容有针对性地提出风险控制方案。通过有效的风险控制措施，将这些特殊作业的风险降低到可接受的程度，以保证作业人员和工厂的安全。

在企业实际运营过程中，应依靠作业许可证确保作业前、作业中、作业后的控制措施得到落实。这里以动火作业许可证为例，如表 2-13 所示。

表 2-13　动火作业许可证

| 申请单位 | | 申请人 | | 作业证编号 | | | |
|---|---|---|---|---|---|---|---|
| 动火作业级别 | | 动火方式 | | | | | |
| 动火地点 | | | | | | | |
| 动火时间 | 自　年　月　日　时　分始至　年　月　日　时　分止 | | | | | | |
| 动火作业负责人 | | 动火人 | | | | | |
| 动火分析时间 | 年　月　日　时 | | 年　月　日　时 | | 年　月　日　时 | | |
| 分析点名称 | | | | | | | |
| 分析数据 | | | | | | | |
| 分析人 | | | | | | | |
| 涉及的其他特殊作业 | | | | | | | |
| 危害辩识 | | | | | | | |
| 序号 | 安全措施 | | | | | | 确认人 |
| 1 | 动火设备内部构件清理干净,蒸汽吹扫或水洗合格,达到用火条件 | | | | | | |
| 2 | 断开与动火设备相连接的所有管线,加盲板（　　）块 | | | | | | |
| 3 | 动火点周围的下水井、地漏、地沟、电缆沟等已清除易燃物,并已采取覆盖、铺沙、水封等手段进行隔离 | | | | | | |
| 4 | 罐区内动火点同一围堰和防火间距内的油罐不同时进行脱水作业 | | | | | | |

续表

| 序号 | 安全措施 | 确认人 |
|------|---------|--------|
| 5 | 高处作业已采取防火花飞溅措施 | |
| 6 | 动火点周围易燃物已清除 | |
| 7 | 电焊回路线已接在焊件上,把线未穿过下水井或其他设备搭接 | |
| 8 | 乙炔气瓶(直立放置)、氧气瓶与火源间的距离大于10m | |
| 9 | 现场配备消防蒸汽带( )根,灭火器( )台,铁锹( )把,石棉布( )块 | |
| 10 | 其他安全措施:<br><br>编制人: | |

| 生产单位负责人 | | 监火人 | | 动火初审人 | |
|------|------|------|------|------|------|
| 实施安全教育人 | | | | | |
| 申请单位意见 | | | | | |
| | | | 签字: 年 月 日 时 分 | | |
| 安全管理部门意见 | | | | | |
| | | | 签字: 年 月 日 时 分 | | |
| 动火审批人意见 | | | | | |
| | | | 签字: 年 月 日 时 分 | | |
| 动火前,岗位当班班长验票 | | | | | |
| | | | 签字: 年 月 日 时 分 | | |
| 完工验收 | | | | | |
| | | | 签字: 年 月 日 时 分 | | |

　　作业许可证根据各企业的管理程序、现场情况的异同会有多种样式。但通常包括如下内容:

　　① 作业申请信息,包括作业申请人、申请部门、申请单位;

　　② 作业时长信息,说明作业持续时间;

　　③ 作业内容描述,说明作业的主要内容及流程;

　　④ 作业区域描述,说明作业实施的点位、区域;

　　⑤ 作业工具描述,说明作业过程中使用的工具、设备;

　　⑥ 作业风险描述,说明作业过程中可能存在的风险;

　　⑦ 安全措施确认,列举作业过程中所需要完成的安全措施(包括气体监测等);

　　⑧ 相关人员信息,所有参与作业人员、监护人员的信息及资质;

　　⑨ 作业审批信息,针对上述作业许可证及现场情况的确认、审批情况;

　　⑩ 作业完成验收,作业结束后验收并关闭作业许可证。

　　作业许可制度是确保作业实施全流程风险控制措施能够落实的最直接、最有效的程序。作业许可证的真实性、作业许可证签发审批的程序正确性,是确保作业许可证价值的基本要求。作业许可证签发审批环节的所有相关人员都必须如实评估、如实填写，从而在团队配合下通过作业许可程序有效控制作业风险。

# 第六节  建立科学的风险管理思维模式

前面是关于危害识别、风险评估和风险控制的整体论述，本节将针对社会上存在的一些看似合理，但并不科学的现象进行深刻剖析。

针对风险管控有两种主要的思路，一是基于事故后果的严重程度；二是基于风险值的高低。两种不同的管理思路影响了风险标准的制定和管理，也影响了决策。本节将系统分析讨论两种思路的不同，提出风险管理的科学思路，暨重点关注高风险的事件，而不单单是最坏事件，以此来实现事故的科学预防。

## 一、问题的提出

先举几个例子：

示例一：厦门 PX（对二甲苯）事件之后，举国上下谈 PX 色变，厦门、成都、大连、宁波、上海等地民众对其严防死守，PX 项目难以落地。

示例二：吉化双苯事件导致松花江污染之后，为了减少消防废水对外环境的影响，要求所有涉化学品的企业均设置消防废水收集池。

示例三：为了减少枪支对人的危害，枪支认定规范将枪口比动能大于 1.6J/$cm^2$ 提升至 1.8J/$cm^2$，以最大限度避免枪支对人群造成伤害。

示例四：为了避免集会时踩踏等群体性事件的发生，直接取消集会。

示例五：为了降低对外环境的影响，危废仓库等场所被要求设置 VOCs 收集和治理设施，机加工等极少量挥发的场所被要求关门关窗。

以上简单直接的管控措施可谓掷地有声，十分有效，但其社会成本可能非常巨大，总的社会效益其实是负值。是什么原因导致我们上上下下都喜欢采用"一刀切"的风险管控方式呢？

这五个看似不相关的示例，在思想和认识上都有一个本源，其管控思路都是基于"最坏事件（worst case）"，而不是"风险最低且合理可行（as low as reasonably practicable，ALARP）"。

对此，特提出以下几个问题供大家思考：

① 企业对事故预防与管控是基于合规还是风险？两者差异是什么？

② 安全距离和消防间距要多远才称得上安全？事故是可以预防的吗？

③ 风险可接受标准应该由谁来确定？法规标准、主管部门、专家还是企业自身？

④ 基于后果与基于风险值两种管控思路，有何区别？哪种更科学？

⑤ 对责任人的严苛追责是否可以避免责任事故的再次发生？责任追究制度

该如何完善？

## 二、风险与安全的定义

要想理清楚后果思维与风险思维的异同，需要先认识和理解两个基本概念：风险与安全。

风险：发生特定危害事件的可能性以及发生事件后果严重性的结合。

安全：对一种相对状态的描述，即风险可接受的状态谓之安全。

直觉告诉我们，风险无处不在，根本不存在绝对的安全。是的，走路有可能摔倒、吃饭有可能引发窒息等低概率事件屡有发生。所以说，一切以彻底消灭风险，确保绝对安全的行为和尝试都是不科学的，因为根本不可能做到。风险可以随着各类资源的不断投入而持续降低，但是不能也不可能彻底消除。当风险低于一定接受水平后就处于相对安全的状态，是否需要持续降低风险，做到更安全，取决于风险责任主体的经济条件，以及预估的投入产出比。

既然不存在绝对的安全，那么事故是可以预防的吗？一般来说，可预见的事故都是可以预防的，但是某些无法预见的事故，比如天灾人祸、主观的恶意破坏等，可能无法预防。实际上，绝大多数的事故都是可预见、可预防的，因为我们对化学品的性质、泄漏火灾爆炸等的引发机理、机械设备的运行规律、仪表阀门和自动监控措施的运作方式都有深入的研究，都可以进行事前预防。只是因为在危害识别、风险管控等方面投入的资源不足，在人员管理、操作流程与应急响应等方面有缺失，才导致了事故的发生。

不管是检查表法（checklist），还是工艺危害分析法（PHA），或是工艺危害与可操作性分析（HAZOP）等，其实都是通过专业的"预见"来分析可能的危害与后果，进而提出防范措施。"预见"能力其实就是一种预防能力，而多数的事故都是可以预见的，因而应该是可以预防的。不让化学品泄漏，不让能量泄漏，就是工艺安全事件预防的原则。

站在企业的角度，风险管控的基本目标是合规，但这只是基础，同时还要确保潜在事故的风险低于可接受水平。企业为什么不是追求越安全越好呢？因为社会资源是有限的，风险的管控需要平衡投入产出比，遵循风险最低且合理可行（ALARP）原则，风险需要足够的低，但同时也要具备合理性与可操作性，并不是盲目降低风险。

## 三、朴素的"后果"管控思维

企业角度虽然是遵循ALARP原则，但社会公众和主管部门大多数却是按照最坏事件（worst case）发生仍能接受为原则判断项目的可行性，部分的标准和规范在制定时也是以防控最坏事件为原则。然而大多数涉及危险化学品的项目，其最坏情况是不能接受的，于是部分标准和规范的可操作性存在严重问题。

举例来说，《危险化学品经营企业开业条件和技术要求》（GB 18265）：大中型危险化学品仓库与周围公共建筑、交通干线、工矿企业等距离至少保持1000m。然而这个范围太大太可怕了。根据标准，存放面积大于$550m^2$的仓库，就属于中型仓库。这个$550m^2$仓库必须独门独栋，方圆1km内不能有住宅小区，不能有省道以上的公路，不能有其他企业。严格按照这个标准的话，几乎没有危险化学品仓库是合法的。仓库不合法，就没办法储存原辅材料，化工企业也就不复存在了。

其实并非说1km的安全距离不必要，而是不能简单一刀切，具体多远应该基于风险评估的结果。

事故的发生都是有概率的，撇开概率谈事故如同撇开节能谈减排，撇开剂量谈毒性一样，都是不科学的。

外滩踩踏造成的惨剧并非基础设施问题，也不是市民的素质问题，而是没有采用应急管理的方案。应急管理应该根据人群密度高低、单位面积上的人口数量来采取措施。与其取消人群聚集，不如科学疏导和控制人群密度。

废气的治理也是如此，浓度与排放量低到一定程度，不仅不值得治理，还会因为治理而产生更为严重的污染。经济学有沉没成本，环境学是否有"沉没"污染呢？暨治理本身所产生的额外污染。低浓度VOCs治理的综合环境绩效——以活性炭吸附工艺为例，需要综合考虑如下的"沉没"污染：

① 设备运行能耗产生的"沉没"污染；

② 设备建造产生的"沉没"污染；

③ 活性炭制造产生的"沉没"污染；

④ 活性炭运输产生的"沉没"污染；

⑤ 活性炭作为危废的二次处置产生的"沉没"污染。

不同危害的废气根据其危害程度的不同应该有不同的治理目标，治理其中一类废气而产生多种危害废气的情形可通过污染当量进行综合平衡。比如如何对比苯和$NO_x$的排放影响呢？《环境保护税法》的附录中有不同污染物的"污染当量值"，可以根据当量值进行评估和对比。大气污染物当量值见表2-14。

表2-14　大气污染物当量值

| 污染物 | 污染当量值/kg | 污染物 | 污染当量值/kg |
|---|---|---|---|
| 二氧化硫 | 0.95 | 硫酸雾 | 0.6 |
| 氮氧化物 | 0.95 | 铬酸雾 | 0.0007 |
| 一氧化碳 | 16.7 | 汞及其化合物 | 0.0001 |
| 氯气 | 0.34 | 一般性粉尘 | 4 |
| 氯化氢 | 10.75 | 石棉尘 | 0.53 |
| 氟化物 | 0.87 | 玻璃棉尘 | 2.13 |
| 氰化氢 | 0.005 | 炭黑尘 | 0.59 |

根据以上分析可见,事故的发生概率是风险管控必须考虑的因素,而后果思维往往忽略概率。事故预防和管控的成本也是风险管控必须考虑的因素,而后果思维往往忽略。

## 四、科学的"风险"管控思维

大家是否留心高压锅上有几个安全阀?记得十几年前报纸上经常有高压锅爆炸的报道,但是现在几乎不见这类报道。因为,之前的高压锅只有一个安全阀和一个呼吸阀来调压,假设每个阀门的失效频率是 $10^{-3}$/年,即 1000 个阀门中总会有一个在一年的时间里失效,则高压锅因为阀门失效而发生超压爆炸的概率为 $10^{-6}$/年,这一事故概率已经非常低,属于相对安全的状态。但是由于使用高压锅的家庭很多,可能多达数千万,由此总体的事故概率并不低。但近几年高压锅大多是三个阀门,一个呼吸阀和两个安全阀,其事故概率降低到了 $10^{-9}$/年,事故概率大大降低,风险也大大降低,安全性大大提高。

企业增设安全阀的行为是因为安全主管部门的要求,还是安全设计规范的更新,抑或是自发增加成本控制风险未求证。但是可以想到的一个主因是现在"人"越来越贵,造成人身伤害的成本越来越高,安全阀材质和自动化安装的成本又持续降低,由于突发事件造成人身伤害的成本太高,企业愿意追加制造成本来提升安全系数。可见,当后果的危害程度增加到一定程度,风险不可接受时,防控措施必然需要加强。

强制设置消防废水收集池与这种情况却截然不同。基于突发环境事件应急响应的相关要求,很多企业在编制应急预案并备案时被强制要求设置消防废水收集池。消防废水收集池的设置并非法律和标准规范的强制要求,而是在吉化的双苯事件之后制定了石化企业的内部标准,但并不适用整个化工行业,尤其是整个工业企业。因为这样的要求会造成大量的土地闲置,大大降低土地的利用价值,其"一刀切"的社会成本巨大。

一般工业企业消防废水的风险是高还是低呢?取决于企业消防措施的类型,取决于企业危害物的种类和数量,取决于消防过程可能进入水体的危害物种类、数量与危害程度,取决于消防废水的产生量,取决于企业附近有没有敏感地表水体,取决于雨污水管网能否紧急切断,取决于雨污的排放去向等。由此可见,风险高的情况下应该设置消防废水收集池及其收集转运和应对措施,而风险低的情况下可以不设置,或是用替代方案。这个风险的高低应该由谁判断呢?当然是主体责任人,谁对其负责谁来判断,而不是专家或是主管部门。

或许有人质疑,如果企业不负责任怎么办,明明风险很高,企业却觉得风险可控,这种情况如何管控和应对呢?法规和标准的设置就是确保企业整体上都达到 60 分,而各类的评价(安评、环评、职评等)都是基于法规标准和风险评估,以此根据风险高低提出措施,确保企业往 80 分靠。如果环评未对消防废水收集池提出要求，则理论上这类措施不属于强制。应急预案的制定和备案是要求企业提出自己的应急响应措施，将事故控制在萌芽，控制在前期，等真用到消防废水收集池，相对就晚了。

此外，除了以上法规和程序的要求之外，其实更为直接，更为主要的措施是经济代价，也就是企业需要对风险造成的损害来买单。如同高压锅上增设安全阀一样，赔偿高了自然会倒逼企业寻求源头控制。

近年企业对环境问题尤为重视，其根本原因是违法成本已经高到企业无法承受，自然在环保投入方面也不再吝惜。那事故预防或是事故发生后的经济代价如何设定才合理呢？如果发生了某类事故造成的损失为 $C$，该事故的发生概率是 $P$。其惩处或是经济赔偿的费用总额为 $C/P$，即高概率事故如果发生惩处应该小（比如员工摔倒等），低概率事故发生则惩处应该大（如火灾爆炸事故）。换句话说，企业如果让低概率事件都发生了，说明管控非常不到位，应该重罚。

### 五、安全金字塔理论

如果我们把管控重心放在最坏事件（worst case）上，考虑问题的时候是以不发生严重事故、死亡事故、火灾爆炸事故为核心，而不关注小的事故，则大事故难免还会发生。因为，所有大的火灾爆炸事故都是因为有大的泄漏，而所有大的泄漏都是从小的泄漏开始的。管控的重心应该在小的泄漏事故上，因为关注了小泄漏，就不会有大泄漏，而且小泄漏的发生概率很高。换句话说，管控应该紧密围绕对风险值相对较高的那些潜在事故，即事故概率和事故后果乘积最高的潜在事故，通过持续改善，不断降低事故概率或是事故后果，来降低潜在事故的风险。消除基础隐患，可以减少各类事故的发生见图 2-15。

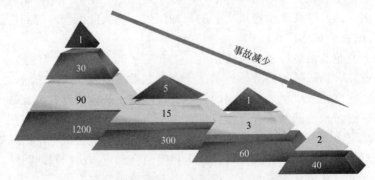

图 2-15　消除基础隐患，可以减少各类事故的发生

美国安全工程师 Heinrich（海因里希）在 1931 出版的著作《一个科学的方法》中提出了著名的"安全金字塔"法则，它是通过分析 55 万起工伤事故的发生概率，为保险公司的经营提出的。该法则认为，在 1 个死亡重伤害事故背后，

有 29 起轻伤害事故，29 起轻伤害事故背后，有 300 起无伤害虚惊事件，以及大量的不安全行为和不安全状态存在。

　　海因里希"事故金字塔"揭示了一个十分重要的事故预防原理：要预防死亡重伤害事故，必须预防轻伤害事故；预防轻伤害事故，必须预防无伤害无惊事故；预防无伤害无惊事故，必须消除日常不安全行为和不安全状态；而能否消除日常不安全行为和不安全状态，则取决于日常管理是否到位，也就是我们常说的细节管理，这是作为预防死亡重伤害事故的最重要的基础工作。

　　现实中我们就是要从细节管理入手，抓好日常安全管理工作，降低"安全金字塔"的最底层的不安全行为和不安全状态，从而实现企业当初设定的总体方针，预防重大事故的出现，实现全员的安全。

　　所以，以"worst case"为核心的管控措施不仅不科学，劳民伤财，社会成本巨大，而且往往抓不到要点，让管控流于形式。基于风险的管理才是科学的管理！

## 六、关于责任追究体系的思考

　　明确了风险管理的核心之后，简单探讨一下责任追究体系：

　　假设交通事故发生了，要抓交警（监管机构）吗？要抓教练（培训机构）吗？要抓驾校（培训的责任机构）吗？要抓道路建设部门（基建部门）吗？要抓片警（片区管理机构）吗？

　　为何安全和环保事故发生了要抓领导、抓专家、抓评价机构呢？这种追责体系是否会加重不作为、乱作为呢？交通事故与安全和环保事故有本质的不同，后者的影响范围更广，且涉及更多公共利益，不能简单处理。

　　古罗马人几乎从不惩罚败军之将，日本人盐野七生在她的《罗马人的故事》中分析过原因，主要如下：①在罗马人的意识中，作为在共同体内肩负责任却惨遭失败的人内心会因为羞愧而备受煎熬，这样的惩罚足够了，没有必要对他免职或向他问罪；②经历战败的领袖更善于从失败中吸取教训，善于向战胜自己的对手学习，在未来一定会把失败加倍地返还给对手；③作为军事统率的罗马执政官是大家选举出来的，他的失败也就是大家的失败，如果觉得打了败仗有利于吸取教训，作为罗马公民的士兵，无论是贵族还是平民，都可以再给他一次机会。而事实也正是如此，历史上罗马有很多败军之将赢得了荣誉。

　　一个好的责任追究制度并不单是让人产生敬畏，而是要从根源上平衡风险与管控措施。如果追责过头，则没有人愿意担责，技术的革新就会受到阻力，社会成本也会增加，事故之后的推诿就成为常态。如果对于责任能够清晰界定，专家和学者方能放开手脚开展科学论断。

## 七、结论

　　基于以上分析，提出本次论述的主要结论：

（1）没有绝对的安全，追求绝对安全是不计成本的鲁莽行为，安全是风险可接受的状态；

（2）在满足没有连锁事故的安全间距的条件下，风险源集中管控优于分散，并且有利于土地利用；

（3）合规是一切的基础，但可持续发展需要基于风险管理，风险是否可接受先看相应的标准，标准外是否需要严格要求应该由责任主体企业来确认；

（4）风险可接受标准将随着各种资源的不断丰富而持续提高，也会因为管控技术的提高而不断提高；

（5）事故是可以预防的，凡是能够预见的事故都应该可以预防，事故的预防和管控应该基于风险的高低，而不是最坏事故；

（6）所有的严重事故都是基于大量的小事故，管控的重点应该是潜在的高风险事故，而不是最严重事故；

（7）事故的惩处与赔偿除了考虑直接造成的损失之外，还需要考虑发生的概率，事故发生的概率越低，其惩处力度应该越大；

（8）责任追究制度不在于"严苛"，而在于如何避免类似责任事故的发生，以及平衡投入与产出比。

## 思考题

1. 试用风险评估的方法评估氯气钢瓶的运输和使用风险。

2. 如果要求企业管理人员的办公场所设在生产装置上方，装置的事故概率由此会增加还是减小呢？其风险值呢？

3. 针对危险化学品的存储，以下 3 种存放形式你会选择哪种？请说明原因。

　　①一个 1000t 的化学品储罐；

　　②10 个 100t 的化学品储罐；

　　③100 个 10t 的化学品储罐。

4. 风险的源头控制措施有哪些？

5. 低浓度废气到底值不值得治理？节能与减排的关系该如何平衡？治理过程产生的"沉没污染"如何核算？

## 参考文献

［1］ 危险化学品生产、储存装置个人可接受风险标准和社会可接受风险标准（试行）.国家安全监管总局 ［2014］ 第 13 号.

［2］ 职业病危害因素分类目录. 2015 版.

［ 3 ］　GB/T 13861—2009. 生产过程危险和有害因素分类与代码.

［ 4 ］　GB 13690—2009. 化学品分类和危险性公示 通则.

［ 5 ］　中国就业培训技术指导中心,中国安全生产协会共同组织编写. 国家职业资格培训教程安全评价师：国家职业资格三级. 2版. 北京：中国劳动社会保障出版社， 2010.

［ 6 ］　GB/T 16483—2008. 化学品安全技术说明书内容和项目顺序.

［ 7 ］　使用有毒物品作业场所劳动保护条例. 国务院令第 352 号， 2002.

［ 8 ］　GB 2894—2008. 安全标志及其使用导则.

［ 9 ］　中华人民共和国环境保护税法.

［ 10 ］　 GB 30871—2014. 化学品生产单位特殊作业安全规程.

**→ 第三章　产品安全监管**

产品安全监管是"责任关怀"的一个模块。现在很多的化工企业都有专人从事这个工作。这个工作的称呼有很多种。其中一个大家熟悉的就叫"PSRA"。"PS"是产品安全（product stewardship 或是 product safety），"RA"是法规事务"regulatory affairs"。前者是企业自愿行为，关注产品的安全性；后者是企业被动行为，关注产品的合规性。作为一个负责任的企业，必须管好化学品，关注化学品的整个生命周期的健康、环境和安全管理。但是产品安全监管还没有普及到所有的化学品企业，有些企业即使知道了产品安全监管，也不是都能做好产品安全监管。各个国家也都开始出台各种各样的化学品法规，来管理化学品。联合国也极为关注，制定各种化学品管理方法的指导文件。

# 第一节　化学品的 GHS 分类和一书一签

## 一、化学品的 GHS 分类

什么是化学品的 GHS 分类呢？它的全称是 Global Harmonized System of Classification and Labelling of Chemicals，即全球化学品统一分类及标签制度。这里面有两个比较重要的点：第一个，它是全球统一分类制度；第二个，是有关化学品的。

为什么要采取 GHS 分类呢？在有 GHS 分类之前，大家可以看一下，同一个物质，比如说是烯丙基丁酸酯，它的急性毒性，经口的 $LD_{50}$（半数致死量）值是 250mg/kg。对于这样一个物质，我们可以看看在不同的国家和区域对它的描述。比如在澳大利亚、马来西亚、泰国和欧洲给它危害性描述是 harmful，也就是说是有害的。到了印度，它又是无害的。然后，到了日本、韩国和美国，它就变成了有毒了。所以大家可以想见，对于这样一个物质，如果在不同的国家和区域之间流转的话，会产生什么样的情形。并且它的标识也是五花八门。所以很多化学界的有识之士就在 1992 年的联合国发展大会上提出了要建立一个统一的化学品分类及标记的全球协调制度，对化学品的危险性进行公示和分类，并且通过标签和安全技术说明书，也就是我们所说的"一书一签"来进行公示。联合国鼓励所有的国家尽快采用 GHS 分类和标签系统。中国是最早采用 GHS 分类和标签系统的国家之一。

GHS 分类的依据是紫皮书（全球化学品统一分类和标签制度）。它提出了评价的方法，但是同时，也允许基于最好的科学实践和专业判断的灵活性。GHS 在国际上的推动经历了漫长的历程。从 1992 年在联合国发展大会上提出，到 2002 年第一版的国际协调制度出台，历经了 10 年的时间。之后保持每两年更新一次，现在已经是第七版的 GHS 分类体系了。中国目前采用的是第四版的 GHS 分类体系。

根据前面的介绍，大家已经知道，实施 GHS 的话是有非常大的意义的。第一，它通过提供一个全球范围内容易理解的危害的沟通系统，提高了对人类健康及环境的保护；第二，它对尚未有相关系统的国家提供了一个被广泛认可的管理框架；第三，因为大家都采用协调一致的分类体系，降低了对化学品的重复测试和评估的需求，这样也就极大地促进了化学品的国际贸易。

上面简要介绍了有关 GHS 分类的历史以及优点，那么它是怎么分类的呢？它主要分成了物理和化学危害、健康危害和环境危害三大类。第一类是化学品的物理和化学危害，它分成了 17 个小类。第二类是健康危害，有 10 个小类，它包括了急性毒性、皮肤腐蚀这些我们比较熟悉的危害，也包括了一些慢性的和长期的危害，比如说生殖毒性、致癌性等。第三类是环境危害，主要有两个小类，一个是对水生环境的危害，另一个是对臭氧层的危害。综上所述，化学品 GHS 的分类共有 29 个类别。但并不是说它已经涵盖了化学品所有的危害，有一些其他危害暂时还没有被涵盖进去，这也是化学品危害研究接下来的任务。那么对于同一种危害，又根据它的不同的性质，还有它的危害程度分成了不同的级别。比如说易燃液体，它的定义是闪点不高于 93℃ 的液体，然后又根据化学品的闪点和起始沸点的不同，分成了 4 个级别。当然了，闪点越低，起始沸点越低的话，它的危害性越大。同样的，对于健康和环境危害也是类似。比如说对于急性毒性，根据它的经口、经皮和吸入的危害程度的不同，分成了 5 个级别。各个级别都有对应的象形图、警示名称以及相应的防范措施。

目前全球化学品统一分类和标签制度（全球统一制度）（第七修订版）GHS 分类如下（根据相关的国家标准中给出的中文名称）：

1.物理和化学危害

① 爆炸物；

② 易燃气体；

③ 气溶胶；

④ 氧化性气体；

⑤ 加压气体；

⑥ 易燃气体；

⑦ 易燃固体；

⑧ 自反应物质和混合物；

⑨ 自燃液体；

⑩ 自燃固体；

⑪ 自热物质和混合物；

⑫ 遇水放出易燃气体的物质和混合物；

⑬ 氧化性液体；

⑭ 氧化性固体；

⑮ 有机过氧化物；

⑯ 金属腐蚀物；

⑰ 退敏爆炸物。

2. 健康危害

① 急性毒性；

② 皮肤腐蚀/刺激；

③ 严重眼损伤/眼刺激；

④ 呼吸道或皮肤致敏；

⑤ 生殖细胞致突变性；

⑥ 致癌性；

⑦ 生殖毒性；

⑧ 特异性靶器官毒性—一次接触；

⑨ 特异性靶器官毒性-反复接触；

⑩ 吸入危险。

3. 环境危害

① 对水生环境的危害；

② 对臭氧层的危害。

## 二. 安全技术说明书

1. 安全技术说明书介绍

我们对化学品进行了分类，是不是就到此为止了？当然不是。我们的目的是要把它的危害性进行公示。那么通过什么样的方式进行公示呢？用两个比较重要的方式，即通常所说的"一书一签"。"一书"就是安全技术说明书，亦即化学品安全说明书或化学品安全数据说明书。本书第二章中提到危害识别，而识别化学品的危害需要从安全技术说明书（SDS）开始。

那么，为什么要进行危害性公示？其实对政府而言，确切地掌握危险化学品的信息，有效地进行安全管理，并推动风险防范是非常重要的。比如，2015 年发生的天津港"8·12"特别重大火灾爆炸事故，大家最恐慌的是，不知道爆炸物是什么，有什么样的危害，从而也造成了很多救援人员无辜的牺牲。

对企业而言，化学品的管理也是非常重要的一件事情，因为企业必须了解化学品的特性及危害，然后建立良好的企业化学品安全管理体系。对企业而言，发生一次化学品（尤其是危险化学品）的安全事故，其后果是非常严重的。比如，在1984年印度博帕尔市事件中，美国联合碳化物公司就因此遭受了巨大损失。

对个人而言，我们有知情的权利。我们必须了解化学品的危害的特性，然后，按照"一书一签"中说明的方法进行作业，从而有效地保护自己。因此，很多国家和地区对危险化学品的公示都有明确的法规要求，在中国也是如此。《危险化学品安全管理条例》中就明确要求，企业对生产的化学品必须编制中文的合规的安全技术说明书和标签。在其他的政府部门的一些法规中，也提到安全技术说明书和标签。例如，应急管理部在危险化学品登记管理以及生产许可证管理等的法规里面都对安全技术说明书和标签进行了强制性的规定。

我国对安全技术说明书的编写制定了相关的国家标准，例如《化学品分类和危险性公示 通则》（GB 13690—2009），还有GB 30000系列标准等。那么，我们再看一看安全技术说明书都有哪些主要内容。根据《化学品安全技术说明书 内容和项目顺序》（GB/T 16483—2008），SDS提供化学品的化学品及企业标识、危险性概述、成分/组成信息、急救措施等16项内容，这16项内容是缺一不可的，并且它的顺序是不可以更改的。包括：

（1）化学品及企业标识（chemical product and company identification） 主要标明化学品名称、生产企业名称、地址、电话号码、应急电话、传真和电子邮件地址等信息。

（2）危险性概述（hazards summarizing） 标明化学品主要的物理和化学危险信息，以及对人体健康和环境影响的信息。

（3）成分/组成信息（composition/information on ingredients） 标明该化学品是物质还是混合物。如果是物质，应提供化学名或通用名、美国化学文摘登记号（CAS号）及其他标识符。如果是混合物，则不必列明所有组分。

（4）急救措施（first-aid measures） 这部分说明必要时应采取的急救措施及应避免的行动。

（5）消防措施（fire-fighting measures） 说明合适的灭火方法和灭火剂。包括：危险特性、灭火介质和方法、灭火注意事项等。

（6）泄漏应急处理（accidental release measures） 指化学品泄漏后现场可采用的简单有效的应急措施、注意事项和消除方法。包括：作业人员防护措施、防护装备、应急处置程序等。

（7）操作处置与储存（handling and storage） 主要是指化学品操作处置和安全储存方面的信息资料。包括：操作处置作业中的安全处置注意事项、安全储存条件、安全技术措施、同禁配物隔离储存措施和包装材料信息等。

（8）接触控制/个体防护（exposure controls/personal protection） 在生产、操作、处置、搬运和使用化学品的作业过程中，为保护作业人员免受化学品危害而采取的防护方法和手段。包括：容许浓度、工程控制方法、呼吸系统防护、眼睛防护、手部防护、皮肤和身体防护等。

（9）理化特性（physical and chemical properties） 主要描述化学品的外观及理化性质等方面的信息。包括：外观与性状、pH 值、沸点、熔点/凝固点、相对密度（水＝1）、相对蒸气密度（空气＝1）、饱和蒸气压、燃烧热、临界温度、临界压力、辛醇/水分配系数、闪点、自燃温度、燃烧上下限或爆炸极限、溶解性、主要用途和其他一些特殊理化性质。

（10）稳定性和反应性（stability and reactivity） 主要叙述化学品的稳定性和特定条件下可能发生的危险反应。包括：稳定性、应避免的条件、不相容的物质、危险的分解产物等。

（11）毒理学资料（toxicological information） 简洁地描述接触化学品后产生的各种毒性作用（健康影响）。包括：急性毒性（$LC_{50}$、$LD_{50}$）、刺激性、致敏性、亚急性和慢性毒性、致突变性、致畸性、致癌性等。

（12）生态学资料（ecological information） 化学品的环境影响、环境行为和归宿方面的信息。包括：生态毒性、持久性和降解性、潜在的生物累积性、土壤中的迁移性等。

（13）废弃处置（disposal） 这部分包括为安全和有利于环境保护而推荐的废弃处置方法和信息。

（14）运输信息（transport information） 这部分包括国际运输法规规定的编号与分类信息，这些信息应根据不同的运输方式进行区分。包括：联合国危险货物编号（UN 编号）、联合国运输名称、联合国危险性分类等。

（15）法规信息（regulatory information） 这部分标明使用该 SDS 的国家和地区中，适用的化学品管理法律法规名称。

（16）其他信息（other information） 该部分进一步提供上述各项未包括的其他重要信息，如参考文献、可提供需要进行的专业培训、建议的用途和限制的用途等。

2.编写安全技术说明书

首先，根据相关的法规及编写指南，收集产品的所有的数据信息，每个企业可以根据自己的情况设计合规的可填充的模板、固定标题及部分内容。

其次，把所有的已知的产品数据填充进去，根据化学品的理化性质、毒理学性质和生态毒理性质进行 GHS 分类以及危险货物的分类。

最后，根据化学品危害性，将对应的工程控制措施、防护措施、急救措施、消防措施、废弃处置措施等信息补充完整。

从章节顺序来说，先编写第一部分（化学品及企业标识）和第三部分（成分/组成信息）的内容，然后根据第九部分（理化特性）、第十部分（稳定性和反应性）、第十一部分（毒理学资料）和第十二部分（生态学资料）数据，编写第二部分（危险性概述），再进行第十四部分（运输信息）的编写，根据它的危害特性，编写第四部分（急救措施）及第五部分（消防措施）等，最后再写第十三部分（废弃处置）、第十五部分（法规信息）和第十六部分（其他信息）的内容。

3.检查安全技术说明书

检查安全技术说明书的完整性、一致性和合规性。同时，也需要注意一些事项。因为是在中国使用的安全技术说明书，它必须是中文的。它的 16 个大项，必须是完整的，顺序也必须是确定的，里面的小项也要尽量完整。另外，要保证它所有的产品名称、危害成分等信息是一致的。应急电话也有特殊的要求。对于某些产品来说，可能其危害成分，企业并不想让客户知道，在这种情况下，怎么样进行保密信息的处理也是非常重要的。最后确认第八部分（接触控制/个体防护），以及所有的信息和分类都是一致的。

## 三、安全标签

编写好了安全技术说明书，我们再看一看，怎么样编写化学品安全标签，也就是通常所说的"一签"。

其实编写好了安全技术说明书，编写安全标签就有了基础。根据国家标准《化学品安全标签编写规定》（GB 15258—2009），化学品安全标签包含化学品标识、象形图、信号词、危险性说明、防范说明、应急咨询电话、供应商标识、资料参阅提示语等 8 个要素，见图 3-1。

其中，化学品标识、供应商标识、应急咨询电话这 3 个要素都可以从安全技术说明书的第一部分（化学品及企业标识）中获得。而象形图、信号词、危险性说明、防范说明等都可以从安全技术说明书的第二部分（危险性概述）获得。最后还有一部分是资料参阅提示语，

化学品名称 A 组分：40%；B 组分：60%

危 险

**极易燃液体和蒸气，食入致死，对水生生活毒性非常大**

【预防措施】
● 远离热源、火花、明火、热表面。使用不产生火花的工具作业。
● 保持容器密闭。
● 采取防止静电措施，容器与接收设备接地、连接。
● 使用防爆电器、通风、照明及其他设备。
● 戴防护手套、防护眼镜、防护面罩。
● 操作后彻底清洗身体接触部位。
● 作业场所不得进食、饮水或吸烟。
● 禁止排入环境。

【事故响应】
● 如皮肤（或头发）接触：立即脱掉所有被污染的衣服。用水冲洗皮肤、淋浴。
● 食入：催吐，立即就医。
● 收集泄漏物。
● 火灾时，使用干粉、泡沫、二氧化碳灭火。

【安全储存】
● 在阴凉、通风良好处储存。
● 上锁保管。

【废弃处置】
● 本品或其容器采用焚烧法处置。

**请参阅化学品安全技术说明书**

供应商：××××    电话：××××
地 址：××××    邮编：××××

**化学事故应急咨询电话：××××**

图 3-1 化学品安全标签

因为安全标签的信息比较简略，所以我们必须提醒大家应该去参阅相关的化学品安全技术说明书。

图 3-2　化学品简化标签

图 3-1 是一份完整的安全标签，涵盖了前面所说的 8 个要素。当然对于一些包装规格较小，比如说 100mL 以内的容器，不能够粘贴这么大的标签，可采用简化标签，简化标签的格式见图 3-2。

对于安全标签的使用，我们必须注意到它应该粘贴悬挂，或者是喷印在化学品包装的明显位置，并且牢固，保证在运输储存期间不会脱落也不会损坏。一般来说，安全标签应该在出厂前进行粘贴。如果要改换包装，应该由改换包装的单位重新粘贴。只有在经过处理，并确认危险性完全消除以后才可以撕去安全标签。以下样例展示了一个容器在外包装上既有安全标签，也有运输象形图的粘贴的方式。对于一些组合容器而言，一般来说，在外包装上可以贴运输象形图，内包装上贴安全标签，见图 3-3。

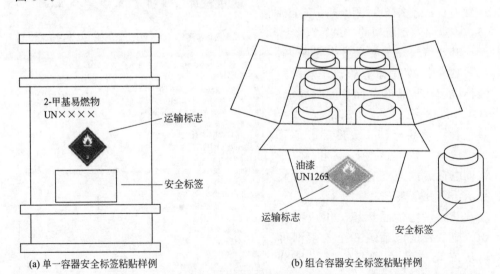

(a) 单一容器安全标签粘贴样例　　　　　　(b) 组合容器安全标签粘贴样例

图 3-3　包装上的安全标签

以上介绍了化学品的 GHS 分类，主要分成三大类，有物理和化学危害的 17 个小类，还有健康危害的 10 个小类，以及环境危害的 2 个小类。然后介绍了危险性公示的两个重要的工具，即安全技术说明书和标签。安全技术说明书有 16

个部分，安全标签有 8 个要素。另外，还介绍了如何正确地理解、使用以及编制安全标签和安全技术说明书。

# 第二节　化学品毒理学基础知识

为了认识化学品危害，有必要介绍另一个重要的学问——毒理学。

毒理学鼻祖 Paracelsus 很早以前提出毒理学的定义和知识。他说所有的物质都是有毒的，没有一个物质是没有毒的。那么，怎样区别毒药和良药？这其实是剂量的问题，剂量大的时候，很多东西都会变成毒药，也就是说剂量决定毒性。

在历史上发生了很多大型事故，包括 1984 年印度的博帕尔事件，1956 年欧洲的反应停事件，这些大型事件促进了毒理学的发展。在这儿，稍微介绍一下欧洲的反应停事件。妇女在怀孕时会有妊娠反应，如呕吐等。当时有人研发出一种药，针对妊娠反应有一定效果。但是，后来发现生出的小孩都是有问题的，如缺胳膊少腿、四肢不全。该事件轰动一时，也造成人类社会的反思，许多药品或化学品在带来社会价值的同时，可能也会带来一些风险。

在化学品的使用、生产和应用过程中，需要慢慢地认识到其中的风险，这就是毒理学研究的话题。毒理学（toxicology）是一门研究外源因素（化学、物理、生物因素）对生物系统的有害作用的应用学科；是一门研究化学物质对生物体的毒性反应、严重程度、发生频率和毒性作用机制的科学，也是对毒性作用进行定性和定量评价的科学；是预测外源因素对人体和生态环境的危害，为确定安全限值和采取防治措施提供科学依据的一门学科。

## 一、毒理学的基本概念

1.非有害作用

不引起形态、生长、发育和寿命的改变；不引起机体功能的损伤；不损害机体对额外应激状态的代偿能力；接触停止后，发生的改变可逆，且不能检出机体维持自稳态（homeostasis）能力的损害；不增加机体对其他有害作用的敏感性。

2.有害作用

能反映早期临床疾病的效应，不易恢复并使机体维持自稳态能力降低效应，使个体对其他有害因素不良作用易感性增加的效应，反映机体功能水平偏离"正常"范围的效应，反映引起了某些重要的代谢和生化改变的效应。

3.毒作用机制

有过敏反应或变态反应；速发与迟发性作用；局部与全身作用；可逆与不可逆作用；功能、形态损伤作用；影响细胞内或者细胞间稳态；直接作用于生物大分子；特异体质反应。例如，眼睛刺激实验和皮肤腐蚀，有的刺激作用过段时间后能够恢复，腐蚀作用则无法恢复。

### 4. 靶器官

外源化学物进入机体后，对体内各器官的毒作用并不一样，往往有选择毒性，外源化学物可以直接发挥毒作用的器官或组织就称为该物质的靶器官。

### 5. 毒性

毒性研究中，有三个主要途径：经口、经皮、经呼吸道。在毒理学研究中，通常按给动物染毒的时间长短分为急性、亚急性、亚慢性和慢性毒性试验。在 SDS 第十一部分（毒理学资料）中可以查阅经口毒性、经皮毒性和吸入毒性数据。

### 6. 剂量

毒理学的基本原则中还有剂量，即可指机体接触化学物的量，或在实验中给予机体受试物的量，又可指化学毒物被吸收的量或在体液和靶器官中的量。单位通常以单位体重接触的外源化学物量（mg/kg 体重）或环境中的浓度（$mg/m^3$ 空气，mg/L 水）表示。

## 二、毒理学的基本原则

### 1. 毒理学的研究方法

临床观察法，是指对短期或长期接触药物或环境化学物的人体的直接观察。主要通过药物的临床试验研究和中毒者的治疗处理来获得观察资料，这是临床毒理学研究的重要内容。

现场调查法，是研究外源性化学物对接触人群健康影响的主要方法，对确定外源性毒物的有害效应极为重要，包括：

（1）描述性流行病学调查：提出病因假设，已知病因了解严重程度；

（2）分析性流行病学调查：验证假说，确定因果关系。

实验室研究方法，例如体外试验方法（in vitro test）、体内试验或整体动物试验方法（in vivo test）、半体内试验方法（ex vivo test）、计算机模拟模型（QSAR、READ-ACROSS、WOE、ETC）等。

### 2. 生态毒理学

区别于健康毒理学，生态毒理学是研究环境污染物对动物、植物、微生物及其生态系统危害和防护的科学。生态毒理学的常规试验有鱼类急性或慢性试验、藻类试验、活性污泥试验等。常用的水生生物有藻类、蚤、鱼；陆生生物有蚯蚓、植物；大型猎食生物有鸟类、蜜蜂。

### 3.毒理学试验

毒理学试验分体内试验和体外试验。体内试验有一般毒性试验（急性毒性试验和局部毒性试验、致敏性试验、亚急性试验、亚慢性试验、慢性试验）和特殊毒性试验（致突变试验、致畸试验、致癌试验），这些试验一般时间长且价格昂贵。体外试验包括微生物水平、分子水平、细胞水平、组织水平、器官水平的试验。致突变试验中的体外哺乳动物细胞基因突变试验、体外哺乳动物细胞染色体畸变试验是在化学品致突变性研究中经常要做的，是非常重要的试验。

### 4.毒理学试验的原则

毒理学研究中一般不会直接用人来做试验，而是观察化学品在实验动物中产生的作用，并以此外推于人。当然，因动物福利要求，必须尽量少用动物来做试验。同时，我们也要注意动物试验带来的生物安全问题。

试验动物必须暴露于适当的高剂量，这是发现对人潜在危害的必需和可靠的方法。成年的健康（雄性和雌性未孕）试验动物和人可能的暴露途径基本保持一致。比如人接触化学品可能是吸入途径，那我们选的动物试验一般也会选吸入途径。

### 5.毒理学试验的局限性

世界卫生组织（WHO）在《临床前药物安全性实验原则》文件中指出："虽然事先对生物活性物质进行了最仔细彻底的研究，但给人使用时总是不可避免要冒一定的风险。"这就是利用动物试验的局限性。但是，做完试验之后，我们对掌握的数据会觉得更放心一些，也是尽量减少对人的风险的方法，不是动物试验做完，人肯定就没事了，不一定的。很多的化学品，我们对它的认知不是一步到位的，会有一些局限和反复。毒理学试验本身也是有局限性的。

### 6.危害鉴别与全球化学品统一分类和标签制度（GHS）

毒理学试验或者研究做完之后，就会给化学品做一些标识和标签。腐蚀、毒性、健康危害、感叹号、环境危害就是GHS标签中用到的图标。GHS象形图见图3-4。

### 7.安全性评价

通过动物试验和对人的观察，阐明某化合物的毒性及其潜在危害，然后对化合物做出可以接受或不可以接受的鉴定，或者特定人群在一定条件下接触该物质的安全浓度和剂量。

### 8.毒性参数

一类是毒性上限参数，是在急性毒性试验中以死亡为终点的各项毒性参数；

腐蚀　　　　　　毒性　　　　　　健康危害

感叹号　　　　　　　环境危害

图 3-4　GHS 象形图

另一类是毒性下限参数，即观察到的有害作用最低剂量及最大无害作用剂量，可以从急性、亚急性、亚慢性和慢性毒性试验中得到。

常用的毒性上限参数包括：绝对致死量（能引起一组受试动物全部死亡的最低剂量，$LD_{100}$）和半数致死量（能引起一组受试动物半数死亡的剂量，又称致死中量，$LD_{50}$）。几乎所有的 SDS 中都会有这些数据，数据大，产品比较安全，风险小；数据小，则化学品危害较大。比如氰化钾就是电视剧中间谍用的，如《一双绣花鞋》中，间谍被人发现后咬碎口中氰化钾，就死掉了。这些东西的半数致死量都是非常小的，也就是一点点马上就死了。毒性上限参数中，还有最小致死量（$LD_{min}$）和最大耐受量（$LD_0$），这些在 SDS 上一般很少看到；最小有作用剂量，这个一般在毒理学报告里显示；最大无作用剂量，这个往往也是在做风险评价的时候会看到的数据。

毒性下限参数：观察到有害作用的最低水平（LOAEL）、未观察到有害作用水平（NOAEL）、观察到作用的最低水平（LOEL）、未观察到作用水平（NO-EL）。LOAEL 或 NOAEL 是评价外源化学物毒作用与制定安全限值（如每日允许摄入量和最高容许残留限值）的重要依据。

9. 安全限值

安全限值是对各种环境介质（空气、土壤、水、食品等）中的化学、物理和生物有害因素规定的限量要求。在低于此浓度和暴露时间内，对个体或群体健康的危险是可忽略的。根据安全限值可以推导出每日容许摄入量（ADI）、最高容许浓度（MAC）、阈限值（TLV）、参考剂量（RfD）。

（1）某些化学品不可避免、或多或少摄入，如果大于每日容许摄入量（ADI），健康就会受到影响。

（2）在车间里接触某化学品，空气中的浓度大于最高容许浓度（MAC）、阈限值（TLV），工人的健康就会受到很大的危害、伤害。

（3）化学物质的安全限值一般是将 LOAEL 或 NOAEL 缩小一定的倍数来确定的（TLV＝NOAEL/安全系数）。在选择安全系数时要考虑多种因素，如化学物质的急性毒性等级、在机体内的蓄积能力、挥发性、测定 LOAEL 或 NOAEL 采用的观察指标、慢性中毒的后果、种属与个体差异大小、中毒机制与代谢过程是否明了等。需要说明的是，经验在安全系数的选择上会起到很大的作用，故最后确定的数值大小常带有一定的主观色彩。图 3-5 的轴标注了一些毒理学常用参数，比如说安全限值，这是最低的数字，往右是无危害作用水平，再往右是有危害的浓度水平，一直往右，$LD_{50}$ 为半数致死量，$LD_{100}$ 为完全致死量。如果我们暴露的化学品浓度范围在 $LD_{100}$ 的话，那就相当的危险，就等于一个人暴露在氯气、煤气、一氧化碳泄漏的一个房间内，这个情况相当危险。

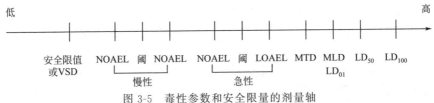

图 3-5 毒性参数和安全限量的剂量轴

毒理学的基本原则中，还有一个叫"非白即黑"或"零风险方案"，就是说很多的时候，要 100% 的安全是相当难的，我们一般也不建议用这种方法。因为有些毒性化学品，如果要求它在一个产品中 100% 不存在，那也相当困难。一般来说，我们会建议不要有意添加。但是，如果确实含有少量，我们会给出比较低的限值，比如百分之零点几。有些化学品危害性较大，这样浓度更低一些。如果要求完全零存在，有时是很难做到的。

中国毒理学会的网站（http://www.chntox.org），可供读者们自行查阅各种信息。

# 第三节　化学品管控

思考：为什么要管控化学品？

**案例**

### 东京地铁毒气事件

1995年3月20日上午7时50分，东京地铁内发生了一起震惊全世界的投毒事件。事件造成13人死亡，约5500人中毒，1036人住院治疗。事件发生的当天，日本政府所在地及国会周围的几条地铁主干线被迫关闭，26个地铁站受影响，东京交通陷入一片混乱。这一事件给刚刚经历了阪神大地震的日本社会和公众又蒙上了一层阴影。2011年11月21日，日本最高法院驳回东京地铁沙林毒气案最后一名被告远藤诚一的上诉，维持东京地方法院和东京高等法院一、二审的死刑判决。

不法分子用沙林毒气来杀人，他们把毒气投放在地铁里面，这是惨痛的事件。这些让我们感觉到有很多的安全风险往往是人为的，包括用毒品和化学武器来伤害人类。目前，许多毒品和化学武器都可以用化学品来合成，所以企业在进行贸易的时候要采取控制措施，防止化学品被挪作他用。

化学品管控的作用就是保护人类、保护环境、防止恐怖主义。目前在世界上各个国家和地区有很多的化学物质管控的法规。经常提到的有两用物项化学品（dual use chemicals），两用物项是指军民两用的敏感物项和易制毒化学品。CWC，即chemical weapon convention，指化学武器公约，有很多化学品可以被制作成化学武器。另外一个是易制毒化学品。以前，80％以上的毒品都是通过种植得到的，比如从罂粟花里面提取出鸦片。现在则相反，世界上80％以上的毒品是化学合成的。理论上，如果我们可以很好地控制化学品的买卖就可以很好地控制这个世界上毒品的生产。在我国，主要管控的化学品有易制毒化学品、监控化学品、剧毒化学品、易制爆化学品等。

## 一、易制毒化学品

易制毒化学品分为三类，第一类是可以用于制毒的主要原料，第二类、第三类是可以用于制毒的化学配剂。《易制毒化学品管理条例》的附表规定了易制毒化学品的分类和品种目录。其中，第一类包括：1-苯基-2-丙酮、3,4-亚甲基二氧苯基-2-丙酮、胡椒醛、黄樟素、黄樟油、异黄樟素、N-乙酰邻氨基苯酸、邻氨基苯甲酸、麦角酸、麦角胺、麦角新碱、麻黄素、伪麻黄素、消旋麻黄素、去甲麻黄素、甲基麻黄素、麻黄浸膏、麻黄浸膏粉等麻黄素类物质、4-苯氨基-N-苯乙基哌啶、N-苯乙基-4-哌啶酮、N-甲基-1-苯基-1-氯-2-丙胺；第二类包括：苯乙酸、醋酸酐、三氯甲烷、乙醚、哌啶、溴素、1-苯基-1-丙酮；第三类包括：甲苯、丙酮、甲基乙基酮、高锰酸钾、硫酸、盐酸。

1. 易制毒化学品的生产

《易制毒化学品管理条例》规定，申请生产第一类中的药品类易制毒化学品的，由国务院食品药品监督管理部门审批；申请生产第一类中的非药品类易制毒化学品的，由省、自治区、直辖市人民政府应急管理部门审批；生产第二类、第三类易制毒化学品的，应当自生产之日起30日内，将生产的品种、数量等情况，向所在地的设区的市级人民政府应急管理部门备案。

2. 易制毒化学品的经营

《易制毒化学品管理条例》规定，申请经营第一类中的药品类易制毒化学品的，由国务院食品药品监督管理部门审批；申请经营第一类中的非药品类易制毒化学品的，由省、自治区、直辖市人民政府应急管理部门审批；经营第二类易制毒化学品的，应当自经营之日起30日内，将经营的品种、数量、主要流向等情况，向所在地的设区的市级人民政府应急管理部门备案；经营第三类易制毒化学品的，应当自经营之日起30日内，将经营的品种、数量、主要流向等情况，向所在地的县级人民政府应急管理部门备案。

3. 易制毒化学品的购买

申请购买第一类中的药品类易制毒化学品的，由所在地的省、自治区、直辖市人民政府食品药品监督管理部门审批；申请购买第一类中的非药品类易制毒化学品的，由所在地的省、自治区、直辖市人民政府公安机关审批；购买第二类、第三类易制毒化学品的，应当在购买前将所需购买的品种、数量，向所在地的县级人民政府公安机关备案；个人自用购买少量高锰酸钾的，无须备案；个人不得购买第一类、第二类易制毒化学品。

4. 易制毒化学品的运输

跨设区的市级行政区域（直辖市为跨市界）或者在国务院公安部门确定的禁毒形势严峻的重点地区跨县级行政区域运输第一类易制毒化学品的，由运出地的设区的市级人民政府公安机关审批；运输第二类易制毒化学品的，由运出地的县级人民政府公安机关审批，经审批取得易制毒化学品运输许可证后，方可运输；运输第三类易制毒化学品的，应当在运输前向运出地的县级人民政府公安机关备案，公安机关应当于收到备案材料的当日发给备案证明。

5. 易制毒化学品的进出口

申请进口或者出口易制毒化学品，应当经国务院商务主管部门或者其委托的省、自治区、直辖市人民政府商务主管部门审批，取得进口或者出口许可证后，方可从事进口、出口活动。

## 二、监控化学品

很多化学品可以用来制造化学武器。国家的法规中有专门针对化学武器相关的管理规定，比如《监控化学品管理条例》。化学武器化学品有 4 类，第一类是可作为化学武器的化学品；第二类是可作为生产化学武器前体的化学品；第三类是可作为生产化学武器主要原料的化学品；第四类是除炸药和烃类化合物外的特定有机化学品。对化学武器化学品的控制，也是供应链管理型，购买方、生产商、销售商都要审批；还有各种各样的汇报，基本上所有的生产、销售链都要在国家的控制下完成，这样就比较可靠。安保方面也要做到仓库储存的防偷盗。

## 三、剧毒化学品

剧毒化学品是具有剧烈急性毒性危害的化学品，包括人工合成的化学品及其混合物和天然毒素，还包括具有急性毒性易造成公共安全危害的化学品。在国家安全生产监督管理总局联合公安部等部门发布的《危险化学品目录》中，列出 148 种剧毒化学品。相关要求如下：

### 1.购买剧毒化学品有严格的限制

根据《危险化学品安全管理条例》，只有依法取得危险化学品安全生产许可证、危险化学品安全使用许可证、危险化学品经营许可证的企业，凭相应的许可证件才可以购买剧毒化学品。除此以外的单位如需要购买剧毒化学品，应当向所在地县级人民政府公安机关申请取得剧毒化学品购买许可证。具体的剧毒化学品购买许可证管理办法参见公安部制定的《剧毒化学品购买和公路运输许可证件管理办法》。除了属于剧毒化学品的农药以外，个人是不允许购买剧毒化学品的。

### 2.剧毒化学品的销售监管

危险化学品生产企业、经营企业销售剧毒化学品，应当查验购买单位是否持有危险化学品安全生产许可证、危险化学品安全使用许可证、危险化学品经营许可证。对持剧毒化学品购买许可证购买剧毒化学品的，应当按照许可证载明的品种、数量销售。不得向不具有相关许可证件或者证明文件的单位销售剧毒化学品，禁止向个人销售剧毒化学品（属于剧毒化学品的农药除外）。

### 3.剧毒化学品的运输监管

通过道路运输剧毒化学品，托运人应当向运输始发地或者目的地县级人民政府公安机关申请剧毒化学品道路运输通行证。

### 4.剧毒化学品的使用监管

生产、储存、使用剧毒化学品的单位不如实记录生产、储存、使用剧毒化学品的数量、流向的；发现剧毒化学品丢失或者被盗，不立即向公安机关报告的；未将剧毒化学品的储存数量、储存地点以及管理人员的情况报所在地县级人民政府公安机关备案的，将由公安机关责令改正，可处以 1 万元以下的罚款，拒不改正的，处以 1 万元以上 5 万元以下的罚款。

## 四、易制爆化学品

易制爆化学品是指可以制作成爆炸品原料或辅料的化学品，具体名录参见公安部发布的《易制爆危险化学品名录》。

### 1.购买限制

只有依法取得危险化学品安全生产许可证、危险化学品安全使用许可证、危险化学品经营许可证的企业，可以凭相应的许可证件购买易制爆危险化学品。民用爆炸物品生产企业凭民用爆炸物品生产许可证购买易制爆危险化学品。上述规定以外的单位购买易制爆危险化学品时，应当持本单位出具的合法用途说明。个人不得购买易制爆危险化学品。

### 2.销售单位的查验义务

销售易制爆危险化学品，应当查验《危险化学品安全管理条例》第三十八条中规定的相关许可证件或者证明文件，不得向不具有相关许可证件或者证明文件的单位销售易制爆危险化学品。

### 3.销售单位的记录归档义务

销售易制爆危险化学品，应当如实记录购买单位的名称、地址，经办人的姓名、身份证号码，以及所购买易制爆危险化学品的品种、数量、用途。销售记录以及经办人的身份证复印件、相关许可证件复印件或者证明文件的保存期限不得少于1年。

### 4.销售和购买单位的备案义务

易制爆危险化学品的销售企业、购买单位应当在销售、购买后5日内，将所销售、购买的易制爆危险化学品的品种、数量以及流向信息报所在地县级人民政府公安机关备案，并输入计算机系统。

## 思考题

1. 衡量一种液体燃烧难易程度的是（　　）。

　　A.闪点　　　　　B.熔点　　　　　C.爆炸极限　　　D.自燃温度

2. 一家从事危险化学品贸易的公司通常情况下必须获得（　　）。

　　A.危险化学品使用许可证　　　　B.危险化学品经营许可证

　　C.危险化学品仓库储存许可证　　D.危险化学品运输许可证

3. 采购化学品原料时，为了防止出错，（　　）最能帮助采购员确认采购原料的正确性。

　　A.化学品俗名　　　　　　　　　B.化学品化学名

C. 化学品商品名          D. 美国化学文摘号（CAS 号）

4. 公司应该在产品进入销售之前掌握产品安全特性，并在产品销售过程中关注产品使用安全，同时还要关注（    ）。

    A. 是否已经给客户发送产品安全技术说明书

    B. 检查产品是否符合客户所在地方及国家化学品管理法规

    C. 及时与客户沟通，获得产品使用中及使用后处置的各种产品环境健康信息

    D. 以上三点都需要

5. （    ）在进出口时，需要办理特别许可。

    A. 化学武器管理的化学品          B. 两用物项的化学品

    C. 易制毒化学品                 D. 所有化学品

6. 你学习或工作的实验室中有哪些常用化学品？请找出它们的产品安全说明书，并列出它们的 GHS 分类。

7. 请思考高校或者科研机构应该如何根据剧毒化学品的监管要求制定相应的管控措施？

◀ **参考文献** ▶

［1］ 全球化学品统一分类和标签制度（全球统一制度）. http://www.unece.org/hk/trans/danger/publi/ghs/ghs_ rev06/06files_ c. html.

［2］ GB/T 16483—2008. 化学品安全技术说明书 内容和项目顺序.

［3］ GB 15258—2009. 化学品安全标签编写规定.

［4］ 危险化学品安全管理条例. 国务院令第 591 号. 2011 年 12 月 1 日起施行.

［5］ 易制毒化学品管理条例. 国务院令第 445 号. 2005 年 11 月 1 日起施行.

［6］ 中华人民共和国监控化学品管理条例. 国务院令第 588 号. 2011 年 01 月 08 日修订实施.

［7］ 国家安全监督管理总局等 10 部门. 危险化学品目录（2019 版）.

［8］ 公安部. 易制爆危险化学品名录（2017 年版），2017.

# 第四章　职业健康

## 案例

### 张海超"开胸验肺"事件

　　张海超，河南农民工，2004 年 8 月至 2007 年 10 月在郑州某公司打工期间接触到大量粉尘。2007 年 8 月，他感觉身体不适，还有咳嗽、胸闷症状，一直以感冒治疗但未见好转。2007 年 10 月，张海超从该公司离职不久，又到郑州市第六人民医院、郑州大学第一附属医院检查，医生排除了肺癌和肺结核，怀疑是职业病——尘肺❶。张海超随后拿着 X 光片子先后到北京协和医院、中国煤炭总医院、首都医科大学朝阳医院、北京大学第三附属医院等 6 家医院诊断，专家们一看片子，都说他患的是职业病——尘肺。张海超回到郑州，向郑州市职业病防治所申请职业病诊断。郑州市职业病防治所于 2009 年 5 月 25 日出具了诊断证明，诊断结果为"无尘肺 0 期（医学观察）合并肺结核"。也就是说，诊断结果认为张海超患的是"肺结核"，而不是尘肺病。

　　2009 年 6 月初，张海超向郑州市卫生局提出职业病鉴定申请。由于职业病诊断鉴定委员会办公室的设置与原诊断机构有关联，张海超对鉴定前景不抱乐观。于是到郑州大学第一附属医院要求"开胸验肺"。郑州大学第一附属医院开具的出院诊断中载明"尘肺合并感染"，医嘱第 1 条是：职业病防治所进一步治疗。

　　"开胸验肺"事件经河南媒体率先披露后，中央电视台等媒体迅速跟进，受到社会的广泛关注。2009 年 7 月 15 日，全国总工会派来工作人员对此事进行了调查。河南省委、省政府主要领导均做出重要批示，要求成立联合调查组认真调查、严肃处理。7 月 24 日，卫生部派出督导组赶赴河南，督导该事件尽快解决。7 月 26 日，在卫生部专家的督导之下，郑州市职业病防治所再次组织省、市专家对张海超职业病问题进行了会诊，明确诊断为"尘肺病Ⅲ期"。7 月 28 日，郑州有关部门对相关机构、用人单位及相关人员做出处理。张海超随后获得了相应的赔偿。

---

❶　尘肺为旧称，现称肺尘埃沉着病。

张海超"开胸验肺"事件引起社会各界的广泛关注。随后，相关部门加速《职业病防治法》的修改，特别对职业病诊断、鉴定和待遇等进行了完善。2011年12月31日全国人大常委会通过了《关于修改〈中华人民共和国职业病防治法〉的决定》。修改后的《职业病防治法》完善了职业病的诊断与鉴定的相关规定，对维护劳动者的合法权益提供了有力的法律保障。

国家卫生健康委员会发布的《2018年我国卫生健康事业发展统计公报》显示，2018年全国共报告各类职业病新病例23497例。其中，职业性尘肺病及其他呼吸系统疾病19524例（职业性尘肺病19468例），职业性耳鼻喉口腔疾病1528例，职业性化学中毒1333例，职业性传染病540例，物理因素所致职业病331例，职业性肿瘤77例。为给劳动者提供更好更安全的工作环境，为使更多的家庭避免职业病带来的影响，职业健康这个小众的领域逐渐被越来越多的普通劳动者所知晓，政府部门也加大加强职业健康的监管范围和力度，并推出了以《职业病防治法》为基础的职业健康法律法规体系。

简单地说，职业健康就是对工作场所内产生或存在的职业性有害因素及其健康损害，进行预测、识别、评估和控制。职业健康的目的是落实预防性的干预措施来排除和减少潜在的有害物质，改善作业条件，预防和保护劳动者，使其免受职业性有害因素所致的健康影响，使工作适应劳动者，促进和保障劳动者的健康。

# 第一节　职业健康基础知识

## 一、什么是职业病

说起职业病，大家最先想到的是什么？可能会说，我的父亲是教师，整天爱说教，这是"职业病"。那我的母亲是医生，家里的生活用品，她都要去消毒，这也是"职业病"。那有的同学可能会说，我的父亲是工人，在汽车厂车间工作了30年，这几年耳朵不太好使，听不太清，这个是不是职业病？还有的同学可能会说，我的父亲是矿工，在煤矿工作了十几年，最近有胸痛气喘的情况出现，那这个是职业病吗？前面两个例子是生活中我们常用来开玩笑的一些职业习惯，而后两个例子就很可能是法定职业病。

《职业病防治法》所称职业病，是指企业、事业单位和个体经济组织等用人单位的劳动者在职业活动中，因接触粉尘、放射性物质和其他有毒、有害因素而引起的疾病。职业病的分类和目录由国务院卫生行政部门会同国务院劳动行政部门制定、调整并公布。

2013 年 12 月 23 日，国家卫生计生委、人力资源社会保障部、安全监管总局、全国总工会联合发布了《职业病分类和目录》，将职业病分为 10 大类，132 种。表 4-1 列举了部分职业病分类及示例。

表 4-1　职业病分类及示例

| 职业病种类 | 数量 | 举　　例 |
|---|---|---|
| 职业性尘肺病及其他呼吸系统疾病 | 19 | 矽肺[①]、煤工尘肺、电焊工尘肺、过敏性肺炎、刺激性化学物所致慢性阻塞性肺疾病 |
| 职业性皮肤病 | 9 | 接触性皮炎、黑变病、化学性皮肤灼伤 |
| 职业性眼病 | 3 | 化学性眼部灼伤、电光性眼炎、白内障 |
| 职业性耳鼻喉口腔疾病 | 4 | 噪声聋、铬鼻病、牙酸蚀病、爆震聋 |
| 职业性化学中毒 | 60 | 甲醛中毒、正己烷中毒、苯中毒 |
| 物理因素所致职业病 | 7 | 中暑、手臂振动病 |
| 职业性放射性疾病 | 11 | 放射性肿瘤、放射性皮肤病 |
| 职业性传染病 | 5 | 炭疽、布鲁氏菌病、艾滋病（限于医疗卫生人员及人民警察） |
| 职业性肿瘤 | 11 | 石棉所致肺癌、间皮瘤、苯所致白血病、六价铬化合物所致肺癌 |
| 其他职业病 | 3 | 金属烟热 |

① 矽肺为旧称，现称硅沉着病。

对于企业而言，主要是根据最新版法定《职业病分类和目录》中所涉及的职业病进行职业健康方面的相关管控。对于劳动者而言，开展职业病诊断和鉴定的前提是该疾病在最新版的《职业病分类和目录》中。举例来说，生活中较常见的重体力劳动导致的腰椎间盘突出等疾病，虽然可能是职业环境导致的，但由于不在《职业病分类和目录》中，也无法开展职业病诊断和鉴定。

## 二、职业病危害因素

《职业病防治法》中相关定义如下：职业病危害，是指对从事职业活动的劳动者可能导致职业病的各种危害。职业病危害因素包括：职业活动中存在的各种有害的化学、物理、生物因素以及在作业过程中产生的其他职业有害因素。

### 1. 化学有害因素

化学物质或粉尘可能以不同的状态存在于作业环境中，从职业健康防护的角度看，化学有害因素主要包含以下几种：

① 气体　包括一氧化碳、氯气、二氧化硫等。

② 蒸气　包括苯、丙酮、醋酸酯类等蒸气。

③ 雾　悬浮在空气中的微小液滴，包括铬酸雾、硫酸雾等。

④ 烟　悬浮在空气中的微小固体颗粒，一般由气体或蒸气冷凝产生，粒度

通常小于粉尘。包括电焊时产生的焊烟，熔铜时的氧化锌等。

⑤ 粉尘 悬浮在空气中的微小固体颗粒，一般由固体物料受机械力作用破碎而产生。各种物质在机械粉碎、碾磨时均可产生粉尘。

⑥ 纤维 包括细长的固体颗粒，纵横比值大。

### 2. 物理因素

物理因素主要包含以下几种：噪声、振动、低气压、高气压、高原低氧、高温作业、激光、低温、微波、紫外线、红外线、工频电磁场、高频电磁场等及其他可能导致职业病的物理因素。下边主要介绍一下噪声和高温作业。

(1) 噪声 声音听起来有的尖锐，有的低沉，我们说它的音调不同。音调是人耳对声音的主观感受，客观上取决于声源振动的频率。

由于声源振动的频率在传播过程中是不变的，所以声音的频率也就是声源振动频率。所谓声源振动频率是指每秒振动的次数，用赫兹（Hz）表示。人耳能听到的声音频率范围约在 20~20 000 Hz。

通常用声压级来表达声量的大小。声压级的单位为分贝（dB）。一般正常说话的声压级为 60~70dB。

噪声在企业中是比较常见的物理危害因素，工业噪声按照产生噪声的振动源可分为三类，包括：空气性噪声、机械性噪声和电磁性噪声。

(2) 高温作业 高温作业是指在生产劳动过程中，工作地点平均 WBGT 指数≥25℃的作业。WBGT 指数，又称湿球黑球温度，是综合评价人体接触作业环境热负荷的一个基本参数，单位为℃。

常见的高温作业包括冶金工业的炼钢、炼铁等作业，机械制造工业的热处理等作业。

物理因素还包含以上未提及的可导致职业病的其他物理因素。

### 3. 放射性因素

产生放射性因素的行业一般包括核武器生产、辐射农业等，一般企业对其接触相对较少。放射性因素包括铀及其化合物、电离辐射等。

## 三、职业接触限值

职业接触限值（occupational exposure limits，OELs）指劳动者在职业活动过程中长期反复接触，对绝大多数接触者的健康不引起有害作用的容许接触水平。

各国及行业组织依据科学研究数据、流行病学研究等技术评估手段制定强制或推荐执行的职业接触限值。最早的职业接触限值推出至今已有 60 余年，随着科学研究的进步及新的流行病学数据的收集，各国和行业组织也在不断更新职业接触限值，以更好地评估、控制工作场所的职业健康风险。

1. 化学有害因素的职业接触限值

它是职业性有害化学因素的接触限制量值。几个重要的概念和定义如下：

（1）时间加权平均容许浓度（permissible concentration-time weighted average，PC-TWA） 以时间为权数规定的 8h 工作日、40h 工作周的平均容许接触浓度。

（2）短时间接触容许浓度（permissible concentration-short term exposure limit，PC-STEL） 在遵守 PC-TWA 前提下容许短时间（15min）接触的浓度。

（3）最高容许浓度（maximum allowable concentration，MAC） 工作地点、在一个工作日内、任何时间有毒化学物质均不应超过的浓度。

（4）超限倍数（excursion limits） 对未制定 PC-STEL 的化学有害因素，在符合 8h 时间加权平均容许浓度的情况下，任何一次短时间（15min）接触的浓度均不应超过的 PC-TWA 的倍数值。

2. 职业接触限值的意义

一般情况下，对于一种化学物质的职业接触限值可以通过查阅其 SDS（安全技术说明书）的第八部分（职业接触和个体防护）获得其数值。表 4-2 列举了几种常见化学物质的职业接触限值。

表 4-2　工作场所空气中化学物质容许浓度举例

| 中文名 | 英文名 | CAS 号 | OELs/$(mg/m^3)$ | | | 备注 |
| --- | --- | --- | --- | --- | --- | --- |
| | | | MAC | PC-TWA | PC-STEL | |
| 氨 | ammonia | 7664-41-7 | — | 20 | 30 | — |
| 苯 | benzene | 71-43-2 | — | 6 | 10 | 皮，G1a |
| 丙酮 | acetone | 67-64-1 | — | 300 | 450 | — |
| 二氯甲烷 | dichloromethane | 75-09-2 | — | 200 | — | G2A |
| 乙酸乙酯 | ethyl acetate | 141-78-6 | — | 200 | 300 | — |

注：根据化学物质的致癌性标识按国际癌症组织分级，G1 为确认人类致癌物（carcinogenic to humans）；G2A 为可能人类致癌物（probably carcinogenic to humans）；G2B 为可疑人类致癌物（possibly carcinogenic to humans）。

从表 4-2 中的数据可以看出，不同的物质其职业接触限值不同。一般情况下，其职业接触限值越低，表明这种物质的危害性越大。

需要注意的是：①职业接触限值并不是危害物质的毒性指数，也不是安全和危险的分界线。限值的设定基于已有的信息，并会随着信息的更新而变化。②职业接触限值的确定源于人体及动物实验数据、流行病学及统计学。③没有职业接触限值的物质并不等于是安全的。④职业接触限值的适用对象为绝大多数人，并不适用于特殊人群如孕妇、儿童及身体虚弱的人群。⑤化学品的职业接触限值主要基于吸入途径的暴露。

3. 噪声职业接触限值

GBZ 2.2—2019《工作场所职业有害因素职业接触限值　第 2 部分：物理因素》中对噪声的职业接触限值规定如下：每周工作 5d，每天工作 8h，稳态噪声限值为 85dB（A），非稳态噪声等效声级的限值为 85dB（A）；每周工作 5d，每天工作时间不等于 8h，需计算 8h 等效声级，限值为 85 dB（A）；每周工作不是 5d，需计算 40h 等效声级，限值为 85 dB（A），见表 4-3。

**表 4-3　工作场所噪声职业接触限值**

| 接触时间 | 接触限值/dB(A) | 备注 |
|---|---|---|
| 5d/w，=8h/d | 85 | 非稳态噪声计算 8h 等效声级 |
| 5d/w，≠8h/d | 85 | 计算 8h 等效声级 |
| ≠5d/w | 85 | 计算 40h 等效声级 |

## 四、暴露途径

1. 化学有害因素

化学有害因素可以以固态、液态、气态或气溶胶的形式存在。

气态毒物指常温、常压下呈气态的有毒物质，如氯气、氮氧化物、一氧化碳、硫化氢。液态物质蒸发或挥发、固态物质升华时形成的气态物质称为蒸气，如苯蒸气、磷蒸气。

悬浮于空气中的液体微滴称为雾，多由蒸气冷凝或液体喷洒而形成，如喷漆作业时产生的漆雾等。

悬浮于空气中直径小于 $0.1\mu m$ 的固体微粒称烟，如熔炼铅、铜时可产生烟；有机物加热或燃烧时，也可形成烟。能较长时间悬浮在空气中，其粒子直径为 $0.1\sim10\mu m$ 的固体微粒则称为粉尘。飘浮在空气中的粉尘、烟和雾，统称为气溶胶。

化学有害因素主要经呼吸道吸收进入人体，亦可经皮肤和消化道吸收。

（1）呼吸道　因肺泡呼吸膜极薄，扩散面积大（$50\sim100m^2$），供血丰富，呈气体、蒸气和气溶胶状态的毒物均可经呼吸道吸收进入人体，大部分化学有害因素均由此途径吸收进入人体而导致中毒。经呼吸道吸收的毒物，未经肝脏的生物转化解毒过程即直接进入大循环并分布于全身，故其毒作用发生较快。气溶胶状态的毒物在呼吸道的吸收情况极为复杂，受气道的结构特点、粒子的形状、分散度、溶解度以及呼吸系统的清除功能等多种因素的影响。

（2）皮肤　皮肤对外来化合物具有屏障作用，但确有不少外来化合物可经皮肤吸收，如芳香族氨基和硝基化合物、有机磷酸酯类化合物等，可通过完整皮肤吸收入血而引起中毒。毒物主要通过表皮细胞，也可通过皮肤的附属器，如毛囊、皮脂腺或汗腺进入真皮而被吸收入血。某些经皮肤难以吸收的毒物，如汞蒸气在浓度较高时也可经皮肤吸收。皮肤有病损或遭腐蚀性毒物损伤时，原本难经完整皮肤吸收的毒物也能进入。

（3）消化道　在生产过程中，毒物经消化道摄入所致的职业中毒甚为少见，常见于事故性误服。个人卫生习惯不良或食物受毒物污染时，毒物也可经消化道进入人体内。有的毒物如氰化物可被口腔黏膜吸收。

**2.生产性粉尘在体内的转归**

粉尘粒子随气流进入呼吸道后，主要通过撞击、截留、重力沉积、静电沉积、布朗运动而发生沉降。粒径较大的尘粒在大气道分岔处可发生撞击沉降；纤维状粉尘主要通过截留作用沉积。直径大于 $1\mu m$ 的粒子大部分通过撞击和重力沉降而沉积，沉降率与粒子的密度和直径的平方成正比；直径小于 $0.5\mu m$ 的粒子主要通过空气分子的布朗运动沉积于小气道和肺泡壁。

**3.物理有害因素**

在生产和工作环境中，与劳动者健康密切相关的物理因素包括：气象条件，如气温、气压；噪声和振动；电磁辐射等。

在许多情况下，物理因素对人体的损害效应与物理参数之间不呈直线的相关关系，而是常表现为在某一强度范围内对人体无害，高于或低于这一范围才对人体产生不良影响。除了某些放射性物质进入人体可以产生内照射以外，绝大多数物理因素在脱离接触后，体内便不再残留。

# 第二节　职业健康风险评估与控制

## 一、职业健康风险评估

**1.定性风险评估**

为消除或减少危险化学品潜在风险必须进行风险评估，评估结果是正确选择控制措施的依据。人体接触危险化学品的途径很多，包括正常操作、意外泄漏、不慎接触等，应对人体在各种途径和各种状态下暴露于危险化学品的后果加以评估。职业健康的定性风险评估方法与第二章介绍的风险管理部分相同，主要为：风险（risk）＝危害（hazard）×暴露（exposure）。也就是说，化学品危害性的评估应考虑化学品的危害性和人员暴露情况。

（1）化学品的危害性（以皮肤接触为例）　①毒害性化学品可以被皮肤吸收，并通过血液的循环而导致身体的其他部分受伤害，这种伤害作用可能是急性中毒，也可能是职业性慢性中毒。②化学品的危害性一般取决于接触或吸收物质的量，皮肤接触的面积，化学品浓度，接触的频率及持续接触时间等。一些物质开始接触时不引起任何症状，但微剂量有害物质的长时间作用可引发职业性慢性中毒。③需要重视以下两种情况的发生：皮肤接触高浓度或高剂量化学品和危险化学品经皮肤迅速吸收（例：苯酚及酚类化合物能被皮肤迅速吸收并引起中毒）。④人体对外部物质的接受程度和反应速度因人而异，同一个人在不同时期或不同的情况下也不同。⑤混合物加大伤害的风险。

如果个体防护装备用于危险化学品泄漏事故的应急处理，应在可预见的最坏假设的基础上选取防护级别最高的装备。

（2）暴露频率和持续时间　人体暴露于危险化学品中，对健康的危害一般会随时间和接触频率的增加而增加。化学品侵入人体主要有三种途径：吸入、食入和经皮肤吸收。在暴露评估时应考虑以下情况：①化学品的毒性水平；②作业的模式；③污染的可能性；④清除污染的必要性；⑤皮肤和衣物对污染物的耐受性；⑥除污设施的有效性。

（3）化学品的接触风险　根据化学品的危害性和暴露程度，可以得出其化学品的风险等级。化学品的风险因其理化性质的不同而有所区别：①完好密封包装的危险化学品，在正常情况下无风险；②对于化学液体和化学粉尘，偶然的喷溅或接触是导致皮肤接触的原因；③有毒有害气体或蒸气的吸入风险是常见的接触风险；④对于经皮肤吸收而危害人体的有毒有害气体或蒸气需更严密的防护，某些强毒性气体或蒸气不易为人体感知，但通过皮肤接触对人体的危害性很高。

### 2.定量风险评估

定性风险评估识别出潜在高风险岗位后需要通过定量检测的手段来进一步核实风险等级，也就是定量风险评估。

按照《用人单位职业病危害因素定期检测管理规范》（安监总安健〔2015〕16号）第四条的规定，用人单位应当建立职业病危害因素定期检测制度，每年至少委托具备资质的职业卫生技术服务机构对其存在职业病危害因素的工作场所进行一次全面检测。

根据作业场所职业病危害因素检测的结果，对比相应物质的职业接触限值，从而了解作业场所的职业危害现状，以及为选择合适的风险控制措施提供依据。

常见的定量检测方式主要有：

①　区域取样　在工作场所中某一固定地点进行取样，取样目的在于识别工作场所的污染浓度及对经过此地的工人的潜在暴露。取样通常用以评估控制措施的有效性。

②　个人采样（personal sampling）　将空气收集器佩戴在采样对象的前胸上部，其进气口尽量接近呼吸带所进行的采样。使用这种采样方法需要前期调查员工的工作暴露情况，确保采样时间能覆盖全部或80%以上的暴露场景，可以较

好地识别员工暴露的情况，是一种可准确测定员工暴露的有效方法。

## 二、职业健康风险控制

控制职业健康风险的方法，与第二章所介绍的风险管理控制方法相同，应优先考虑从源头上防止劳动者接触各类职业病危害因素，改善可能引起健康损害的作业环境。

常用职业健康风险控制手段主要有：消除/替代危害、工艺改变、工程控制、行政控制和个体防护。

（1）消除/替代危害　从工艺设计上取消有毒品的使用或用低毒原料替代有毒原料，从而消除或减轻对人体健康损害的风险。

（2）工艺改变　通过工艺流程的改善减少劳动者的有害因素暴露程度。

（3）工程控制　通过控制设施降低劳动者的有害因素暴露浓度。

（4）行政控制　例如：员工轮岗，减少接触时间；特别重要的是做好清洁（表面清理和溢漏清理等）；指导和培训。培训员工了解工作场所中的所有职业危害和正确使用提供的控制措施；加贴警示标识（见图4-1）。

图 4-1　职业危害警示标识

（5）个体防护　如果个体防护装备用于危险化学品泄漏事故的应急处理，应在可预见的最坏假设的基础上选取防护级别最高的装备，在下节进行详细介绍。

# 第三节　个体防护装备

个体防护装备（personal protective equipment，PPE）是指从业人员为防御物理、化学、生物等外界因素伤害所穿戴、配备和使用的各种护品的总称，又称劳动防护用品。

职业健康相关个体防护分为呼吸防护、听力防护、眼面部防护、身体防护及手部防护等。下面将逐个展开进行介绍。

# 一、呼吸防护

### 1.呼吸防护用品的术语

（1）呼吸防护用品（respiratory protective equipment，RPE） 防御缺氧空气和空气污染物进入呼吸道的呼吸用品。

（2）过滤式呼吸防护用品（air-purifying respiratory protective equipment） 能把吸入的作业环境空气通过净化部件的吸附、吸收、催化或过滤等作用，除去其中有害物质后作为气源的呼吸防护用品。

（3）隔绝式呼吸防护用品（atmosphere-supplying respiratory orotective equipment） 能使佩戴者呼吸器官与作业环境隔绝，靠本身携带的气源或者依靠导气管引入作业环境以外的洁净气源的呼吸防护用品。

（4）供气式呼吸防护用品（supplied air respiratory protective equipment） 佩戴者靠呼吸或者借助机械力通过导气管引入清洁空气的隔绝式呼吸防护用品。

（5）携气式呼吸防护用品（self-contained breathing apparatus，SCBA） 佩戴者携带空气瓶、氧气瓶等作为气源的隔绝式呼吸防护用品。

### 2.呼吸防护用品的分类

参考 GB/T 29510—2013《个体防护装备配备基本要求》将呼吸防护用品主要分为过滤式呼吸防护装备和隔绝式呼吸防护装置。

过滤式呼吸防护装备包括：自吸过滤式防颗粒物呼吸器、自吸过滤式防毒面具和送风过滤式防护装备。

隔绝式呼吸防护装备包括：正压式空气呼吸防护装备、负压式空气呼吸防护装备、自吸式长管呼吸器、送风式长管呼吸器和氧气呼吸器。

比较常见的呼吸防护用品为防尘口罩（见图 4-2）、半面罩（见图 4-3）和全面罩（见图 4-4）。

图 4-2 防尘口罩　　　　　图 4-3 半面罩　　　　　图 4-4 全面罩

下面以防尘口罩为例说明一下。

防尘口罩通过覆盖人的口、鼻及下巴部分，形成一个和脸密封的空间，靠人吸气迫使污染空气经过过滤；如果接触危险物质，用完即丢到相应的垃圾桶中，作为危废处理；不允许将使用过的口罩随便乱扔。

3. 呼吸防护用品选用的实例

一油漆工在一储罐中从事喷涂作业，罐直径 4m，高 2m，无强制通风，作业时间约 1h，使用二甲苯溶剂，罐内温度 20℃，作业场所不缺氧。

国家职业卫生标准 GBZ 2.1—2019《工作场所有害因素职业接触限值 化学有害因素》规定，二甲苯短时间接触容许浓度为 $100mg/m^3$，在 $880mg/m^3$ 浓度下二甲苯对眼、鼻有刺激性。由于空间小，通风差，作业空间空气中二甲苯浓度会快速升高。20℃下二甲苯蒸气压为 9mmHg（1mmHg＝133.322Pa），饱和蒸气浓度会达到 $53000mg/m^3$。

根据危害程度和空气污染物种类选择呼吸防护用品，考虑作业时间长短，可选择使用时间在 1h 以上的全面罩正压携气式呼吸防护用品；因供气管在狭小空间中不妨碍作业，全面罩正压供气式呼吸防护用品配辅助逃生型呼吸防护用品也合适。短时逃生可以是携气式，也可以是能够防高浓度（$53000mg/m^3$）二甲苯的过滤式。

评价采取呼吸防护措施后的危害程度：若面罩与工人脸部适合，使用方法正确，预期暴露浓度为 $53mg/m^3$，低于国家职业卫生标准。

## 二、身体防护

1. 术语和定义

（1）防护服（protective clothing）　防护物理、化学和生物等外界因素伤害人体的工作服。

（2）透过时间（breakthrough time）　化学品从最初接触防护材料的外表面到从防护材料内表面渗出所经历的时间。

2. 化学防护服的分类

我国对化学防护服的分类见表 4-4。

表 4-4　化学防护服的分类

| 类型 | 使用 | 服装描述 |
| --- | --- | --- |
| 气体致密型化学防护服 | 可重复使用和有限次使用 | 内置空气呼吸器（如 SCBA[①]）的气体致密型化学防护服 |
| | | 外置空气呼吸器的气体致密型化学防护服 |
| | | 带正压供气式呼吸防护装备的气体致密型化学防护服 |

续表

| 类型 | 使用 | 服装描述 |
|---|---|---|
| 液体致密型化学防护服 | 可重复使用和有限次使用 | 防化学液体的化学防护服 |
| | | 防化学液体的局部化学防护服 |
| 粉尘致密型化学防护服 | 可重复使用和有限次使用 | 防化学液体的局部化学防护服 |

① SCBA 是指携气式呼吸防护用品。

3. 化学防护服使用示例

接触不同的物质或进行不同的作业，需要选择不同类型的化学防护服。化学防护服使用示例见表 4-5。

表 4-5　化学防护服的使用示例

| 防护性能等级 | 类型 | 危害物性质 | 危害物的物理形态 | 示例 | 备注 |
|---|---|---|---|---|---|
| 高 | 气体致密型化学防护服 | 剧毒品 | 气体状态 | 化学气体泄漏处理；重整工艺的工作场所；存在强挥发性液体（如二氯甲烷）的密闭空间 | 谨防化学品状态的变化，如固体的升华、液体的挥发，以及两种物质的化学反应等 |
| | | 剧毒品 | 非挥发性的气雾/液态气溶胶 | 酸雾处理作业场所；特殊的喷雾作业；制药生产线 | |
| | 液体致密型化学防护服 | 剧毒品 | 非挥发性液体不间断喷射 | 化学液体泄漏事故处理；化工设备（如硫酸输送压力管道）维护时的化学液体的意外泄漏 | 防液体渗透的化学防护服 |
| | | 有毒品/有害品 | 非挥发性的雾状液体喷射 | 工业喷射应用（如喷漆）；会产生雾状化学品的农业操作 | 防化学液体穿透的化学防护服 |
| | 粉尘致密型化学防护服 | 有毒品/有害品 | 固体粉尘 | 爆破和废料回收工作；会产生危险化学粉尘的农业操作；石棉操作 | 防化学粉尘和矿物纤维穿透的化学防护服 |
| 低 | 液体致密型化学防护服 | 刺激品/皮肤吸收 | 液体 | 一般的农作物药物喷射作业；实验室化学处理作业 | 防局部渗透的化学防护服 |

## 三、听力防护

保护听力的最好措施是控制声源，当噪声不能降低到安全限度时，接触噪声的人应配备听力防护用品。听力防护用品是用软质塑料、橡胶、隔声和吸声材料做成的一定形状、遮盖耳廓或封闭外耳道、达到隔声和吸声衰减声波强度效果的产品。

### 1. 不同环境下噪声水平示例

一般办公室的噪声为 50～60dB，马路上车辆运行时的噪声大概为 80～90dB，飞机起飞时的噪声值大概为 120～130dB。具体可见图 4-5。

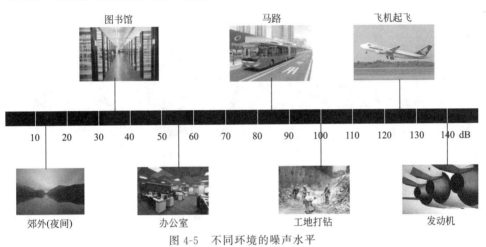

图 4-5　不同环境的噪声水平

### 2. 护听器的分类及佩戴方法

一般护听器包括耳塞和耳罩两种。

（1）耳塞　优点：小巧便携，方便与其他个体防护用品一起使用（可与耳罩一同使用），在炎热湿润的工作环境中比较舒适，便于在狭窄工作区域内使用。缺点：需要较长时间适应，较难塞入和取出，要求有良好的卫生习惯，可能会刺激耳道，容易错放，难以对使用情况进行观察及监测。

下面介绍两种常用耳塞，泡棉耳塞和预成型耳塞。

① 泡棉耳塞见图 4-6。

图 4-6　泡棉耳塞

佩戴步骤如下：

第一步：揉细。将手洗净擦干后，揉细整个耳塞，使之成为光滑的圆柱体状。

第二步：向后上方拉耳朵，一只手绕过头顶，轻轻地将耳朵顶部向后上方拉起。

第三步：插入。将耳塞充分插入耳道内，顶住耳塞维持一段时间，直至其膨胀充满耳道后再松手。

佩戴后检测方法：双手罩住耳朵，然后松手。若佩戴正确，耳塞能消除大部分的噪声。

② 预成型耳塞见图 4-7。

图 4-7　预成型耳塞

（2）耳罩　优点：噪声的降低对所有的使用者是相同的，设计的耳罩可贴合大多数人的头部，易于远距离观察，以帮助监测使用的正确性，不易错放或丢失，耳朵轻微感染时仍可佩戴。

缺点：降噪效果一般比耳塞要差，如果同时佩戴安全眼镜会影响降噪效果。

图 4-8　耳罩

佩戴步骤如下：

第一步：将耳罩置于耳朵外侧。

第二步：上下调节头带长度。

第三步：将耳垫紧贴头部。

## 四、眼面部防护

1. 术语和定义

（1）眼护具（eye-protector）　防御烟雾、化学物质、金属火花、飞屑和粉尘等伤害眼睛、面部的防护用品。

（2）眼罩（goggle） 在头带框架内装有单片或双片镜片的眼护具。

（3）面罩（face-shield） 遮盖整个或部分面部的护具。

### 2.眼面部危害

根据美国预防失明网站（Prevent Blindness America）数据，每天有超过2000人在工作中眼部受到伤害。10起伤害事件中，大约有1起需要1天或更久的时间来进行康复治疗。在所有的眼部伤害事故中，大约有10%～20%将导致暂时或永久的眼部损伤。专家确信，如果能正确地进行眼部防护，能够大大降低眼部伤害的严重性，甚至能防止90%的眼部意外伤害事件的发生。职业性眼面部危害见表4-6。

表4-6　职业性眼面部危害

| 危害种类 | 伤害物种类 | 岗　位 |
|---|---|---|
| 固体颗粒的冲击 | 金属屑、木屑、石块 | 铆接、装配、打磨、装潢、除草 |
| 有害液体的飞溅 | 酸、碱、有机溶剂 | 化学品使用、分装、实验、运输，危险废弃物处置 |
| 有害光的照射 | 紫外线、激光 | 焊接 |
| 光线的强弱 | 强光、太阳光 | 室外作业、实验 |
| 热辐射 | 红外光线 | 焊接、玻璃制造 |

### 3.眼面部防护用品的分类

眼面部防护用品的分类见表4-7。

表4-7　眼面部防护用品分类

| 名称 | 样　型 | | | | | |
|---|---|---|---|---|---|---|
| 眼镜 | 普通型 | | | 带侧光板型 | | |
| | | | | | | |
| 眼罩 | 开放型 | | | 封闭型 | | |
| | | | | | | |
| 面罩 | 手持式 | 头戴式 | | 安全帽与面罩组合 | | 头盔式 |
| | 全面罩 | 全面罩 | 半面罩 | 全面罩 | 半面罩 | |
| | | | | | | |

4.眼面部防护用品的选择

在选择眼睛防护具时，一般要满足以下要求：

① 戴用时不得有使人不舒服的感觉。

② 戴用方便且不容易破损。

③ 护眼组件不得容易自框架上脱落。

④ 各部位不得有尖锐棱角或凹凸，致使戴用者可能遭受割伤或擦伤。各部零件能容易更换。

## 五、手部防护

1.名词与术语

（1）防护手套材料（protective gloves materials） 为避免手或手和手臂直接接触化学品和/或微生物而在防护手套中使用的材料或材料组合。

（2）穿透（penetration） 化学品和/或微生物通过防护手套材料上的孔隙、接缝、针孔等缺陷在非分子水平上透过防护手套的过程。

（3）渗透（permeation） 化学品在分子水平上透过防护手套材料的过程，具体包括化学品分子被材料吸附、在材料内的扩散以及从材料另一面析出的过程。

（4）复合绝缘手套（composite gloves） 由几种不同颜色或不同类型的合成橡胶粘贴或叠合而成，具有机械保护性能的绝缘手套。

2.手部危害

手的损伤有三种类型，包括创伤性损伤、接触性损伤、重复运动问题（过度应用某组肌肉导致）。创伤性损伤包括擦伤、刺伤、挫伤、骨折。创伤性损伤一般发生在粗心应用机器和工具时。接触性损伤发生在手与有害物质（比如清洁剂或者化学物质）接触时，烧伤也是接触性损伤。重复运动问题发生在那些需要长时间重复用手的工作中。

创伤性损伤导致的手部伤害和相关预防措施包括以下四种：

（1）擦伤 擦伤可由转锯、飞轮、磨轮、皮带和滚筒引起，或者由粗糙的材料造成。

预防：将防护护具放在适当的地方，需要时戴合适的手套，确保手套不会被机器卷走。

（2）刺伤 由钉子、螺丝刀、碎片、铁丝、订书针、玻璃或者齿状工具引起。

预防：保持工作区域清洁，用适当的工具做合适的工作，正确使用工具。小心使用螺丝刀、打孔机、尖钻和刀。

（3）挫伤 在摔倒时手部着地，会导致挫伤发生，突然过度用力也会导致挫伤。

预防：走楼梯时小心，尤其是在负有重物时；及时报告和修理损坏的楼梯、地毯或者地板垫；不要用椅子作为攀爬工具。

（4）骨折　骨折经常发生在"手部陷阱"如轮子、滚轮或向内旋转的齿轮；或者手部猛烈地拍打在硬物上。

预防：保持距离，安全使用那些有快速滚轮的器械。用按压棒来操作那些旋转和运行中的机器。

**3.手部防护用品类型**

手套材质包括：金属丝、纱、丁腈橡胶、天然乳胶、PVC、镀铝材质、氯丁橡胶、皮质和棉等。需要根据不同的防护用途，选择合适的手套。

按照用途，一般将手套分为：绝缘手套、防化手套、耐油手套、焊工手套、防振手套、耐火阻燃手套、防静电手套、机械防护手套、微生物防护手套、耐高低温手套等。

**4.佩戴注意事项**

① 所有存在手部伤害风险的作业必须使用防护手套。

② 使用前检查手套表面有无僵硬、洞眼等残缺现象，如有缺陷，不准使用。

③ 戴手套时，不要让手腕裸露出来，以防在作业时有害物溅入手套内造成伤害。

④ 操作各类机床或在有被夹挤危险的地方作业时严禁戴手套。

⑤ 橡胶、塑料等材质的防护手套用后应冲洗干净，凉干；保存时避免高温，并在其上撒上滑石粉以防粘连。

⑥ 一次性手套用完之后必须放入垃圾箱中，禁止乱扔。

# 第四节　职业健康监护

## 一、职业健康监护目的

职业健康监护是落实企业义务、实现劳动者权利的重要保障，是落实职业病诊断鉴定制度的前提。

为有效地开展职业健康监护，每个健康监护项目应根据劳动者所接触（或拟从事接触）的职业病危害因素的种类和所从事的工作性质，规定监护的目标疾病。目标疾病一般分为职业病和职业禁忌证。确定职业健康监护目标疾病应根据以下原则：

① 目标疾病如果是职业禁忌证，应确定监护的职业病危害因素和所规定的职业禁忌证的必然联系及相关程度。

② 目标疾病如果是职业病，应该是国家职业病分类和目录中所规定的疾病。应与监护的职业病危害因素有明确的因果关系，并要有一定的发病率。

③ 有确定的监护手段和医学检查方法，能够做到早期发现目标疾病。

④ 早期发现后采取干预措施能对目标疾病的转归产生有利的影响。

## 二、职业健康检查

职业健康检查分为上岗前职业健康检查、在岗期间职业健康检查、离岗时职业健康检查、离岗后职业健康检查、应急健康检查。

### 1. 上岗前职业健康检查

上岗前职业健康检查主要目的是发现有无职业禁忌证，建立接触职业病危害因素人员的基础健康档案。上岗前职业健康检查应在开始从事有害作业前完成。下列人员应进行上岗前职业健康检查：

① 拟从事接触职业病危害因素作用的新录用人员；

② 转岗到该种作业岗位的人员；

③ 拟从事有特殊健康要求作业的人员，如高空作业、电工作业、机动车驾驶作业等；

④ 脱离该岗位 90 天以上返岗的人员。

### 2. 在岗期间职业健康检查

长期接触职业病危害因素作业的劳动者，应进行在岗期间职业健康检查。在岗期间职业健康检查的目的是早期发现职业病或疑似职业病，以及跟职业接触相关的健康损害；及时发现有职业禁忌证的劳动者，通过动态观察劳动者群体健康变化，评价预防和干预措施的效果。在岗期间职业健康检查的周期应根据职业病危害因素的性质、工作场所有害因素的浓度或强度、目标疾病的潜伏期和防护措施等因素决定。

### 3. 离岗时职业健康检查

劳动者在准备调离或脱离所从事的职业病危害作业或岗位前，应进行离岗时职业健康检查，主要目的是确定其在停止接触职业病危害因素时的健康状况。最后一次在岗期间职业健康检查是在离岗前的 90 天内，可视为离岗时职业健康检查。

### 4. 离岗后职业健康检查

① 劳动者接触的职业病危害因素具有慢性健康影响，所致职业病或职业肿瘤常有较长的潜伏期，故脱离接触后仍有可能发生职业病。

② 离岗后职业健康检查时间的长短应根据有害因素致病的流行病学及临床特点、劳动者从事该作业的时间长短、工作场所有害因素的浓度等因素综合考虑确定。

5.应急健康检查

当发生急性职业病危害事故时，根据事故处理的要求，对遭受或者可能遭受急性职业病危害的劳动者，应及时组织健康检查，依据检查结果和现场劳动卫生学调查，确定危害因素，为急救和治疗提供依据，控制职业病危害的继续蔓延和发展。应急健康检查应在事故发生后立即开始。

从事可能产生职业性传染病作业的劳动者，在疫情流行期或近期密切接触传染源者后，应及时开展应急健康检查，随时监测疫情动态。

## 三、职业健康监护档案

职业健康监护档案是健康监护全过程的客观记录资料，是系统观察劳动者健康状况的变化、评价个体和群体健康损害的依据，其特征是资料的完整性、连续性。概括而言，职业健康监护档案应包括劳动者职业健康监护个人档案和用人单位职业健康监护档案。

1.劳动者职业健康监护个人档案

具体内容包括：

① 劳动者职业史、既往史和职业病危害接触史；

② 作业场所职业危害因素监测结果；

③ 职业健康检查结果及处理情况；

④ 职业病诊疗等健康资料。

2.用人单位职业健康监护档案

用人单位职业健康监护档案包括：

① 用人单位职业卫生管理组织组成、职责；

② 职业健康监护制度和年度职业健康监护计划；

③ 历次职业健康检查的文书，包括委托协议书、职业健康检查机构的健康检查总结报告和评价报告；

④ 工作场所职业病危害因素监测结果；

⑤ 职业病诊断证明书和职业病报告卡；

⑥ 用人单位对职业病患者、患有职业禁忌证者和已出现职业健康相关损害劳动者的处理和安置记录；

⑦ 用人单位在职业健康监护中提供的其他资料和职业健康检查机构记录整理的相关资料；

⑧ 卫生行政部门要求的其他资料。

3.用人单位职业健康监护管理

用人单位应当依法建立职业健康监护档案，并按规定妥善保存。劳动者或劳动者委托代理人有权查阅劳动者个人的职业健康监护档案，用人单位不得拒绝或者提供虚假档案资料。劳动者离开用人单位时，有权索取本人职业健康监护档案复印件，用人单位应当如实、无偿提供，并在所提供的复印件上签章。

职业健康监护档案应有专人管理，管理人员应保证档案只能用于保护劳动者健康的目的，并保证档案的保密性。

## 思考题

1. 环境噪声分贝值达到多高时需要佩戴耳塞？

2. 眼面部伤害主要来自（　　　）。

    A. 冲击　　　　　　B. 辐射　　　　　　C. 渗透

3. 从事化学品作业时，建议佩戴的眼面部防护设备是（　　　）。

    A. 护目镜　　　　　B. 面罩　　　　　　C. 焊工防护眼镜

4. 受化学品飞溅后应_____。

5. 防阳光中紫外线的眼镜是否可以用于焊接防护？

6. 职业健康检查分为哪几类？为何要对员工做职业健康体检？

7. 化学品进入人体的途径有哪些？

## ◆ 参考文献 ◆

［1］　中华人民共和国职业病防治法.

［2］　用人单位职业病危害告知与警示标识管理规范. 安监总厅安健 ［2014］ 111 号.

［3］　GBZ 2.1—2019. 工作场所有害因素职业接触限值化学因素.

［4］　GBZ 2.2—2007. 工作场所有害因素职业接触限值物理因素.

［5］　GBZ/T 205—2007. 密闭空间作业职业危害防护规范.

［6］　AQ/T 6107—2008. 化学防护服的选择、使用和维护.

［7］　卫生健康委员会. 2018 年我国卫生健康事业发展统计公报.

［8］　新民晚报. 张海超在无锡成功换肺, 2013.

# 第五章　工艺安全

## 第一节　工艺安全管理的国内外发展

### 一、工艺安全管理的由来

工艺安全，也称过程安全。讲到工艺安全，不得不提的是 1984 年发生在印度博帕尔市的毒气泄漏案（参见本书第一章第二节）。

工艺安全关注的正是由火灾、爆炸、有毒气体的泄漏等引起的、可以导致群死群伤、严重资产损失或环境破坏的像博帕尔市这样的急性事故。

什么是工艺安全呢？美国化学工程师协会下属的化工工艺安全中心（Center for Chemical Process Safety，CCPS）认为，工艺安全是防止火灾、预防爆炸以及有毒有害气体大量泄漏事故的一个学科。如何来预防火灾、爆炸、大量有害气体泄漏？通过工程技术手段和管理技术。什么是工程技术手段？简单来说就是在相关的一些设备上增加控制措施如联锁、警报系统等。什么是管理技术呢？就是通过管理手段，把组织和人的行为进行优化，从而预防安全事故的发生。不同的企业对工艺安全有不同的定义，某化学公司将工艺安全定义为一个负责技术、管理系统和危险评价工具的发展和应用，以避免不期望事件如火灾、爆炸和化学品泄漏的发生而保护人员、财产和环境的专业学科。CCPS 和该化学公司这两个定义的共同点在于需要通过技术和管理来预防火灾、爆炸、化学品泄漏等造成重大危害的事故的发生。

20 世纪七八十年代，除博帕尔市事故外，在化工业发生了很多其他灾难性的事故。为了预防这些工艺安全的事故的发生，必定要通过一些专业的手段，通过更准确的风险分析方法、更安全的设计和操作，这样就形成了工艺安全专业的概念，不同的国家和地区也出台了相关的一些法规。

### 二、英国及欧洲工艺安全管理的发展

各个国家对公共安全事故的工艺安全方面的管理的起步时间是不一样的，管理的方法也是不一样的。英国在 1984 年颁布了一个法案——《重大工业事故危害控制（CIMAH）》。在 1974 年的时候，英国的一个叫 Flixborough 的地方，发生环己烷的泄漏，最后形成气体云爆炸，导致了 28 人死亡，2000 多人受伤，

1000 多处民宅受到影响。发生这个事故之后，英国在 1984 年颁布了 CIMAH 法案。接着在 20 世纪 90 年代初，英国更新了这个法案，就是控制重大危害的法案（COMAH）。如果说这个更新又是一起事故推动的，我相信大家一点都不意外。的确，在 1989 年，在英国 Piper Alfa 海上石油平台上面又发生了一起爆炸事故，这个平台大概有 300 多人，其中 243 人死亡。

欧洲颁布了一个叫 Seveso 的指令。为什么叫 Seveso？是因为 1976 年 7 月在意大利一个叫 Seveso 小镇上发生了一起严重的二噁英泄漏的事故，事故导致当时几平方千米的范围内的土地受到了污染。所以欧洲政府决定，通过一个指令来控制这些有毒有害物质的泄漏和扩散，这就是 Seveso 指令。Flixborough 事故发生在 1974 年，Bhopal 事故发生在 1984 年，Piper Alfa 海上平台事故发生在 1989 年，法国 Toulouse 肥料厂事故发生在 2001 年。大家可以看到，事故在不断发生，我们在不断通过事故学习。早在很多年以前，有一位专门从事工艺安全的先驱就说过这样一段话：我们不要通过痛苦的方法，通过血和泪去学习。我们要把前人的经验转化为自己的知识来避免这些事故的发生。我们需要把这些事情总结起来，传承给下一代，让他们知道并避免这些灾难性的事故再次发生。

### 三、美国工艺安全管理的发展

前面讲到的 1984 年印度博帕尔市毒气泄漏事故，造成了重大的生命和财产损失和对环境的破坏。那么这个泄漏怎么会发生呢？

泄漏的是异氰酸甲酯，就是 MIC。第一次世界大战的时候，德国在西线战场使用了芥子气、光气作为化学武器。MIC 和其比较起来，毒性没有什么差别。该公司知道这个物质毒性大，很危险，所以采取很多措施去预防事故的发生。首先，设计了一个冷却系统，专门用来冷却该物质，不让它发生反应。但是那天不巧，那个系统坏了，停用了。其次，设计了尾气吸收系统。一旦发生反应产生有毒物质进入放空系统，尾气吸收系统可以用来吸收异氰酸甲酯。因为这个气体溶于水，可以被吸收。但是不巧，那天这个吸收系统也无法工作。再次，设计了火炬。如果无法吸收，在这个气体经过吸收塔排出之后，会被点燃烧掉，变成二氧化碳，但是当天火炬也不能正常工作。

也就是说，所有保护措施都失效了。毒气开始向外扩散，在扩散过程当中，公司也没有一个好的应急预案来处理及处置。这场事故发生的后果是非常严重的，最终也导致了该公司的破产。

1974 年的 Flixborough 事故和 1976 年的 Seveso 事故及博帕尔市事故开始令人担心，除非进行重大的改进，在化工过程中，这些事故仍有可能发生。一系列的事故向美国职业安全和健康管理局（Occupational Safety and Health Administration，OHSA）警示，需要一个实用性的检查计划来预防灾难性的释放和减轻非预防事故的影响。OSHA 认识到综合性评价装置物理条件和管理系统的必要性。这就是 OSHA 的工艺安全管理标准的起源。它参考了 CCPS 以及很多其他机构的意见，包括美国石油协会（API）的建议（API750）。OSHA 工艺安全管理标准 1910.119 在 1992 年正式生效。这个标准列出了 135 种化学品，如果储存这 135 种化学品或者易燃化学品的量超过临界量，该工厂或者公司就被认为需要执行工艺安全管理计划。

### 四、我国工艺安全管理的发展

2005 年，吉林石化发生了一起爆炸事故，泄漏了大量的苯、甲苯和二甲苯等易燃有毒化学品。部分化学品随着消防水进入了附近的松花江，造成了严重的水污染事件。这个事故发生以后，我国就开始考虑工艺安全的法规标准建立。

2010 年，在众多国内外企业的推动下，国家安全生产监督管理总局发布了《化工企业工艺安全管理实施导则》（AQ/T 3034—2010）。该标准将工艺安全管理概括为 12 个要素，分别为：工艺安全信息、工艺危害分析、操作规程、培训、承包商管理、试生产前安全审查、机械完整性、作业许可、变更管理、应急管理、工艺事故/事件管理、符合性审核。尽管该标准本身仅适用于石油化工企业，但就工艺安全管理理念和方法，其他化工、制药等众多行业和企业也可以参考使用。

## 第二节　工艺安全管理要素

工艺安全管理是如何实施的？工艺安全是比较复杂的一个学科，为了实现工艺安全管理，相关的机构提出了一些要求，比如工艺安全管理的 14 个要素。这 14 个要素是 OSHA 对公司工艺安全管理的一个要求。要求：如果一个公司储存相关化学物质，并且超过一定的量，需要实施工艺安全管理，即完成 14 个要素的管理。目前中国的《化工企业工艺安全管理实施导则》（AQ/T 3034—2010）的工艺安全管理体系是 12 个要素。

美国 OSHA 工艺安全管理包含 14 个要素，见图 5-1，下面对这些做简单说明。

### 一、员工参与

这 14 个要素里面第一个是员工参与。员工参与的概念是两层意思，第一层就是员工有参与的权利。也就是说作为雇主，你有义务赋予员工权利参与所有工艺安全管理。

举个例子来说，比如说工厂使用一种超强腐蚀的化学品去清洗电路板，例如氢氟酸用于半导体原件的蚀刻。雇主有义务要求相关的员工认识到这些相关物质的危害，并要求员工来参与危害分析，去识别这些危害。同时，雇主还应该要求

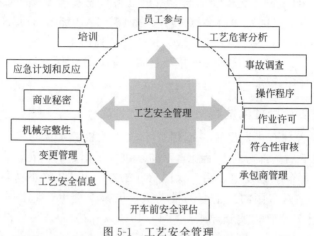

图 5-1　工艺安全管理

员工一起参与到工艺安全相关操作程序的编写工作中来。也就是说，对于任何一个工艺安全管理元素，里面的任何一些活动，作为雇主，有义务去要求员工参与进来。

第二层，这也是员工的权利。员工必须要知道所有的危害，否则就是在一个比较危险的环境中工作。实验室里也会有一些危害。比如说浓硫酸这种腐蚀性的物质，那么你的教师有义务告诉你这些危害信息，你作为实验人员也有义务全力参与到这些危害识别当中去。你作为一个员工，也有义务参与到相关的工艺安全管理的活动中去。比如说事故调查，如果发生一起事故，你作为一个员工，在事故调查的时候，你应该告知所有你知道的情况而不应该隐瞒，这就是员工参与的概念。

那么只有在保证全员参与的情况下，我们才能切切实实地做好工艺安全的工作。

## 二、工艺危害分析

工艺安全管理的第二个要素是工艺危害分析。工艺危害分析是什么概念呢？大家可以想想看，如果今天要过马路，会不会事先做一些分析呢？我相信每个人都会做的。首先你要看看有没有汽车开过来，然后你还要看看有没有自行车冲过来。这就是一个危害识别的过程。如果你看到自行车冲过来时你会采取什么措施？你可能会稍微避让一下。如果你看到汽车开过来，你就不会快速冲过去。采取这些措施的前提是你识别了这些危害，你知道路上危害有自行车、汽车。

另一个问题，如果跨越的只是一个非机动车道，没有机动车，那么机动车的危害是不是就不存在了？理论来说是的，但是事故往往还是会发生，也就是说，非机动车道上也会有机动车开过来。应该强调的是，首先你要识别所有的危害。如果不能够识别所有的危害，那么就谈不上分析工艺安全管理的所有要素，因为你不能管理或者预防你所不知道的危害。第一步最关键，我们要做一个很充分的工艺危害分析。

工艺危害分析以后，可以通过很多技巧和技术来实现工艺危害管理。以前面讲的过马路为例，我相信我们每个人都能够判断出来有没有危害。但是对于一个复杂的工艺系统，对于一个复杂的电路，一个复杂的网络系统呢？你要找到网络系统的缺陷在哪里，或者说你要找到软件的缺陷在哪里。那么这个时候你就需要一些非常系统性的方法，需要通过系统的方法对这个复杂系统进行彻底的分析，识别相关的危害。

工艺危害分析有很多方法，最简单的是检查表，就是一个清单。这个清单就是根据我们以前的经验，把所有相关的可能危害全部列出来，然后对这个过程进行分析，进行比对，确认危害有还是没有。这个最简单最直接的方法很适合于比较简单的过程，比如说过马路。我就问几个问题，有没有机动车？有没有非机动车？被机动车或非机动车撞到的后果有多严重？被撞到的可能性有多大？那么这就是一个检查表方法的应用。

还有一个常用的工具叫危险及可操作性分析（HAZOP）。HAZOP是完整和系统地利用引导词来识别操作单元潜在的问题和偏离。它通常需要把大系统分割成若干个子系统（也称节点）。在每个子系统里面，利用引导词识别事故的原因、后果和现有的保护措施。如果HAZOP小组认为该事故的情景风险太高，则会提出适当的改进措施。通常会结合"如果……"（What if）的方法使用HAZOP。

近年来，由于各种各样的原因，作为过程危险性分析（PHA）工具之一的HAZOP在中国被广泛推广和应用，其中原因之一是HAZOP方法简单易学，具有一定教育基础的人员通过短时间的正规培训就能学会。当然，高质量的HAZOP分析要求组长（或者另一说法是主席）具有高超的领导力和项目执行能力。尽管组长要有一定的装置专业知识或技术能力，但更重要的是组长必须具备时间控制能力，变化管理能力，沟通能力，冲突解决能力等，这些能力才能让组长在明确的目标和范围的指导下，完成所有节点的HAZOP分析和具有建设性意见的HAZOP报告。但是HAZOP只是定性识别危险的方法之一，它极大地依靠HAZOP小组的经验、知识和判断能力，从而可能会造成风险分级结果的误差会比较大。

正是由于这样的原因，层保护分析法（LOPA）作为半定量的风险分析方法正在被越来越多的组织或个人接受。LOPA是降低危险事件发生的可能性或后果的独立防护层有效性的评估过程。LOPA通常根据HAZOP的分析结果，筛选出需要进一步分析的高风险的情景，针对该情景的后果，确定需要的保护层数量，即计算考虑保护层失效的情况下，危险事件的频率。很多时候经常需要使用一些计算机模拟工具进行后果分析才能由LOPA确定或验证HAZOP识别的后果。LOPA是很好的用来辨识所需要保护层的数量和质量的工具。表5-1列出了

LOPA 保护层的几个关键特性。

表 5-1　LOPA 保护层关键特性

| 关键特性 | 描述 |
| --- | --- |
| 独立性 | 保护层的表现不受情景的初始事件或其他保护层的影响 |
| 功能性 | 针对危险情景,保护层在需要时起作用 |
| 完整性 | 根据保护层的设计和管理合理地达到要求降低的风险 |
| 可靠性 | 根据特定状况,特定时间段,按照设定功能保护层预期工作的可能性 |
| 可审核性 | 通过信息、文件、程序以证明充分遵循保护层的设计、检查、维护、测试和操作要求而达到保护层其他关键特性的能力 |
| 访问安全性 | 通过行政或物理手段以降低不经意间或未经授权的保护层改变的可能性 |
| 变更管理 | 对设备、程序、原材料、工艺状况等其他非等同改变进行实施前评估、记录及批准的正式流程 |

很多时候，工艺危害分析结合多种方法，如危险及可操作性分析、检查表、What if 等是常用的定性分析方法。也可能要使用半定量的层保护分析法（LOPA），甚至结合其他定量的分析方式，如失效模式与影响分析（FMEA）、事件树（ETA）和事故树（FTA），甚至对于复杂情景，要进行定量风险分析（QRA）方法，才能充分识别工艺危险，适当地进行风险分析和风险计算，并适当地管理风险。工艺危害分析是充分分析设想下的工厂操作方式和应当采取的控制措施，为工厂运行建立操作程序和操作人员的培训提供很好的依据，特别是可以让操作人员意识到违反操作要求可能造成的事故。

## 三、工艺安全信息

如果需要识别所有的工艺危害的话，还需要一个很关键的部分，我们称之为工艺安全信息。什么是工艺安全信息呢？工艺安全信息简单说可以分成 3 个部分：

（1）第一个部分是与我们使用的化学品相关的，比如说我们使用什么化学品？这个化学品的危害是什么？

（2）第二部分是采用什么工艺？那么工艺的概念是什么呢？就是说流程是怎样的，比如说经过几步反应，反应需要多少温度、多少压力诸如此类的一些工艺信息。

（3）第三部分就是设备信息，也就是说用到哪些设备，设备允许使用的范围是什么？允许使用的条件是什么？

有了工艺安全信息之后，我们才能进行透彻的工艺危害分析，才可以进行生产和操作。所以工艺安全信息也被视为工艺安全管理的一个要素。作为工艺危害分析的输入，必须妥善保存、需要时容易获得，同时要根据变更管理的要求及时更新，保持使用最新版本，最好能够保存一份工艺安全信息清单，并记录每份文件存放地点。

## 四、机械完整性

在做工艺危害分析的时候，可能会发现很多危害，比如前面刚刚讲到的过马路的问题，我们需要自己观察防止被车撞到。为此，我们发明了红绿灯，这就是一个防范措施。当我们看到绿灯的时候，我们可以通过；看到红灯的时候应该停下来。

再举一个例子，大家可能会在宿舍里面煮方便面，煮方便面的时候，电闸可能会跳闸。那么大家可以想想看，如果说没有这个跳闸的话，会有什么后果？当同时有几个人在煮方便面时电路过载，最后就会形成火灾，对不对？这个就是一个危害。如果电流过载，熔丝就会烧掉，这个电路就断了，但至少不会形成火灾。或者现在有断路器，电流异常时断路器就起跳。

所以大家可以看到，在电器的使用过程中，有电路火灾的危害。但是我们有熔丝或者断路器这样的防范措施。它们是我们的保护设备，红绿灯也是我们的保护设备。但如果有一天保护设备坏了怎么办？举个例子，比如说红绿灯坏了怎么办？那么这个时候是不是就会有交通事故发生？就算没有事故，是不是有交通堵塞会发生？或者说，熔丝烧掉后我偷偷换一个铁丝会有什么后果？那么这样的话超载电流会引起火灾。

大家可以看到，这些就是涉及设备的维护，以及后勤设备的可靠性和有效性。这时，我们就需要进行一个机械完整性（MI）的管理，也就是说要定期维修确保红绿灯不会坏，这也是一个要素。

另外，在做设计的时候，我们要求通过电流不能太大而使熔丝烧掉，而且还要规定不允许把铜丝换铁丝，这些都被称为 MI。简单来说，MI 就是要确保设备的可靠性、有效性，能够保护系统，并且预防危害事故的发生。

同样，如果要对这些设备进行完整性的管理，那首先要识别哪些设备是需要我们保护的，哪些是与我们相关的设备。这又回到前面讲的工艺危害分析（PHA）了！

## 五、应急计划和反应

熔丝失灵，发生了火灾，这时我们要怎么办呢？我们需要制订一个应急计划以做出反应。也就是说，一旦宿舍发生火灾，大家应该怎样撤离。

某高校的实验楼 2 层发生了事故，比如实验人员在做实验的时候，实验室着火了。他没有做过这样的应急预案分析，也没有进行相关的培训。他的第一反应是跳楼。他从 2 楼窗户跳下来，造成非常严重的骨折。

但是，如果有一个应急预案，一个撤离的方案，那么他就不至于骨折。而我们在做分析的时候，就是要预想所有可能发生的危害和事故，然后设计一个方案。一旦发生这种事情时，我们通过这个方案，对人员进行疏散和撤离。

印度博帕尔市毒气泄漏事件发生时，没有应急响应计划，没有预案，所有的人就是漫无目的地跑，最后造成 2000 多人死亡。再回到前面，要制定一个应急预案，前提是得知道是什么危害。还是要靠工艺危害分析，因为只有进行工艺危害分析，才能告诉我们特定的事故情景下，后果有多严重，如火灾情况下热辐射的距离，可燃气体或有毒气体的扩散半径等，同时也包含建议的事故情景下人员需要采取的措施。

## 六、操作程序

在我们做完了所有这些事情以后，我们还需要编写操作程序。要求根据所有识别的危害，所有的工艺的流程，编写一些操作程序，然后交给相关的人员去使用。比如说写一个寝室煮方便面的操作程序，规定每个时间段内同时允许两个寝室煮方便面；又比如说过马路的时候的操作程序就是看见绿灯的时候走，看见红灯的时候停。

书面的操作程序为安全作业提供清晰的指南，使工程师、操作人员和维修人员正确、清楚地了解作业任务及相关的要求。需要建立的程序通常包括首次开车、正常操作、临时操作、正常停车、紧急停车、紧急（故障）操作、大修或紧急停车后的开车等。

操作程序应该明确操作人员需要完成的工作，需要保持的操作工况，安全注意事项，关键的操作参数和仪表及安全操作范围，超出安全操作范围的后果以及应急情况下的正确处理步骤。只有这样，操作人员才能安全地完成操作任务。

## 七、培训

当然，所有这些如果只是停留于纸上的话，那也是没有用的，一定要通过培训的方式把它传达给所有的工人及雇员。那么这就又回到了我们前面讲到的全员参与，所有的相关人员都应该参与到这个培训当中，去接受培训，公司也有义务提供培训。工艺安全培训的内容很多，特别是对于操作人员来说，可以包括最坏的情景和保护措施，基本的化学反应机理，危险化学品分类和反应性，物料安全数据卡的阅读和使用，必须遵循或者不能违背的操作要求（很多公司称为黄金准则），正常操作、异常操作和紧急操作程序，变更管理的概念和基本要求，以往发生的事故和经验学习，工艺安全事故和未遂事故汇报，应急计划和反应程序等。必要的话，也可以培训操作人员基本的危险识别和风险分析的技能。一线操作人员的知识和技能越高，发生工艺安全事故的可能性就越低。

## 八、开车前安全评估

在通常情况下，在化工装置全部建设完以后，我们会要求有一个开车前安全检查，就是要让工厂运转起来。这个时候，我们要通过检查这些相关的设备，看看这些设备的安装状况，然后我们还要去核查所有的员工是否受过培训，所有相关的防范措施是不是得到落实。所有检查通过以后，我们才允许工厂引入有危害的化学品。前述事故很多都是在工厂停了一段时间以后，重新要把它运作起来的时候发生。所以这也是为什么专门讲开车前安全评估。

开车前安全评估要求、内容非常广泛，除了确保工厂各层级人员具备工厂运行的能力和知识外，还需要保证工厂的安装已经完全满足了设计的要求，相应的设备、管道和系统已经清洗，压力试验和气密测试、仪表控制回路已经完成了验证，安全和环保设施已经处于运行状态，备品备件已经确认到位。最重要的是，所有工厂运营需要的资质证书已经从相关的政府机构申请获得。

## 九、作业许可

在工厂里有一个工作许可制度。这个工作许可制度最早的时候叫作动火许可制度。那为什么叫动火许可制度呢？因为作为一个化工厂来说，最害怕的事情就是火灾爆炸。大家都还记得燃烧三元素吧？氧气、可燃物还有点火源。对于化工厂来说，氧气无处不在。同时可燃物也是无处不在的。那么我们唯一想办法控制的就是点火源，所以动火制度就是为了控制点火源。点火源的话，比如说明火，比如说用到焊枪、切割机。这些东西是要受到控制的。

还有一些相关的危害，比如在工厂里，有时候你不得不进入一个密闭的空间，例如一个大的设备，一个储罐。你要进去看看里面发生了什么故障，那么这就是一个受限空间，在这个空间里面会有什么危害呢？里面可能没有氧气，可能有可燃气体。所以进入的时候，需要取得受限空间进入许可证。许可证制度的目的是要控制危害。许可证制度的出现也是有血的教训的。曾经发生过类似的事故，有一个罐子里面需要进行维修，一个工程师在里面进行维修，由于他没有开过许可证，所以没有人知道他在里面，其他人觉得这个设备已经维修完成了，就开始往里通蒸汽，最后发生的后果就是这个工程师被活活烫死。就是因为这些血的教训，才会有之后的作业许可制度。

作业许可还包括临时用电、设备开口、断管许可、临时挖掘等。

## 十、承包商管理

承包商，是指替我们干活的人。一些过来帮我们换设备的人，比如装空调的人，这些人都称为承包商。对他们我们也需要进行一个管理，因为有两个问题。第一个问题，他们对我们的环境不熟悉，他们比较容易出事情。第二个问题，他们可能会给我们带来麻烦。很多化工厂的事故发生的原因都是来自承包商。他们对工厂也不熟悉，看里面有一个阀门，动一下，结果一动，然后有的东西就漏出来了，或者说可燃物料漏出来了，然后就发生事故，这种情况是由于他们造成的。还有一种情况是操作工自己会受到危害，那比如他过来装个空调，然后突然从楼上掉下去了。这些事故都是有可能发生的，所以我们要对承包商进行管理。第一，要对承包商进行培训，让他知道这个工厂有哪些危害，他需要遵守哪些规定；第二，要去检查承包商对自己工作中的危害有没有充分的分析。比如说装空调时，如果他不系安全带，一定要提醒他。这就是对承包商的管理。强调：承包商在甲方处施工发生事故，甲方负有一定责任。

## 十一、符合性审核

那么，在做完承包商管理这一系列的工艺安全要素之后，如何证实我们做的效果？工厂内部要做符合性审核（compliance audit），也就是说，对前面讲到的所有要素，要求做的工作，政府会派人到现场来检查，来分析，看你做得好不好，给你打分。符合性审核的处罚结果，可能会是罚款，可能会是监禁，可能会是吊销营业执照等。符合性审核是非常严肃的事情，一定要严阵以待准备好。符合性审核通常情况下有几种类型，一种是内部的，一种是总公司派人来审，还有一种就是第三方，比如政府有关部门，或者说其他相关的独立机构来审。

## 十二、变更管理

工厂建造好了以后不可能是一成不变的。建成之后随着时间的推移和生产产品的变化就需要很多的变化。今天要修理设备，明天可能要加个新的装置。这个就是工艺管理变更的概念。变更一定要有一个记录，知道你改了什么。企业要进行工艺变更管理，对所有的变更进行管理。变更管理核心在于风险管控。Flixborough 爆炸事故是很典型的没有做好变更管理。对于工艺系统的改变，必须全面评估改变对于雇员安全和健康的影响，并检查是否需要修改操作程序和维修计划、策略或方案，甚至应急计划也可能需要更新，包括生产车间操作人数的限制、避难所的重新设计等。

工厂必须建立书面的程序文件，对于工艺涉及的化学品、工艺技术、设备、各类程序及设施的变更加以管理。书面的变更管理程序至少应该明确：

（1）变更的技术基础；

（2）变更对于雇员安全和健康的影响；

（3）对操作程序的更新；

（4）履行变更所需要的时间；

（5）变更的审核与批准。

完成变更并重新投运系统前，应该通知相关的雇员和承包商的员工，或进行必要的培训，并更新相关的工艺安全信息（包括相关的操作程序）。总而言之，变更管理在工艺安全管理中是非常重要的一环，同时在工厂运行中受到巨大的挑战。任何工艺系统的变化需要考虑并适当地引入变更管理，同时也要考虑其他要素的影响。

## 十三、事故调查

我们是不希望事故发生的，一旦发生事故，我们要对发生的事故进行事故调查。事故调查最关键的目的是避免事故的再次发生。事故根本原因分析（RCA）精髓就是找到事故发生的根本原因，并据此来制定纠正和预防措施。事故调查团队的人员组成对于事故调查很关键，对于事故调查的结果起着决定性作用。由一个跨专业、跨部门的人员组成的队伍，可以发挥调查组成员各自领域的专长，便于找到事故发生的原因，也有利于后续措施的制定和追踪落实。从事故中汲取经验教训，反馈到工艺危害性分析中，融入到操作人员的培训中，并帮助改善工艺设计和运行。

## 十四、商业秘密

商业秘密，是指不为公众所知悉，能为权利人带来经济利益，具有实用性并经权利人采取保密措施的设计资料、程序、产品配方、制作工艺、制作方法、管理诀窍、客户名单、货源情报、产销策略等技术信息和经营信息。我们不能以商业机密为理由，而不把相关的这些危害告诉工人。比如说有个剧毒品在使用，或者一个危险的工艺在生产，你不可以说这个是我的商业机密，我不能告诉操作人员，或者我不能告诉工程师，这个在法律层面是不允许的。虽然我们说保护知识产权，但是任何企业不得以商业机密为理由来隐瞒任何工艺过程当中的危害，特别是针对内部员工和承包商。那么倒过来说，作为雇员和承包商，当你被告知的这些商业机密的时候，你有义务为这个工厂或者公司保守这个秘密，因为你泄露秘密的话，你也违反了相关的法律法规。

# 第三节　工艺安全管理计划和执行

工艺安全管理的 14 个要素之间是相互关联，密不可分的。工艺安全始于本质更安全的设计，但是没有终点，任何工艺都可以持续不断被优化和改进。当一个工艺装置需要进行技术改造时，这个改造可能通过投资项目形式或变更管理形式进行，在改造前需要重新评估原有的工艺危害分析，确认是否有新的工艺危害产生，如果有，则需要更新工艺危害分析文件，工艺危害分析需要回顾技术改造前所有发生的事故和事故调查的记录，以将经验学习融入到改造设计中，也有机会订正原有工艺危险分析的错误或不合适的内容。同时需要在项目或变更管理期间和操作人员一起更新工艺安全信息、标准操作程序、应急反应计划和程序等，识别和更新培训需求并实施。对于有新增加的或改变的设备和仪表，需要评估决定是否需要更新机械完整性计划。重新开车前需要决定是否进行开车前安全评估。

　　良好的工艺安全表现必须将 14 个要素都做好做到位。企业需要建立并实施工艺安全管理计划。该计划的建立需要考虑公司的组织架构和职责情况，公司特定的工艺安全文化，以确保实用性和可操作性。工艺安全管理从来不是一蹴而就的，需要不断识别危害，评估风险，确定能不能接受。如果不能接受，那我们就要看能不能降低风险，如果能降低风险，那就需要管理残余的风险。如果不能降低风险，我们就需要决定是否终止生产活动。循序渐进，不断改进，持续提高工艺安全的表现，促进企业可持续发展。

 **思考题**

1. 什么是工艺安全？工艺安全研究的范畴有哪些？
2. 简单描述工艺安全的基本要素以及各要素之间的相互关系。
3. 工艺安全信息主要涵盖的内容有哪些？工艺安全信息为什么对工艺安全管理很重要？
4. 工艺危害分析的主要常用工具有哪些？请简要描述。
5. 国内外工艺安全管理上面的差距有哪些？

◆ **参考文献** ◆

[ 1 ]　AQ/T 3034—2010. 化工企业工艺安全管理实施导则.
[ 2 ]　美国职业安全和卫生管理局法规 1910. 119. https://www. osha. gov/law-regs. html，2019.
[ 3 ]　AQ/T 3049—2013. 危险与可操作性分析（HAZOP 分析）应用导则.
[ 4 ]　Explosion and Fire at the Phillips Company-Houston Chemical Complex. Robert M Bethea, Chemical Engineering Department，Texas Tech University Lubbock，TX，2003.
[ 5 ]　AQ/T 3054—2015. 保护层分析（LOPA）方法应用导则.

# 第六章　环境保护

　　根据我国的《环境保护法》，环境是指影响人类生存和发展的各种天然的和经过人工改造的自然因素的总体，包括大气、水、海洋、土地、矿藏、森林、草原、野生生物、自然遗迹、人文遗迹、自然保护区、风景名胜区、城市和乡村等。

　　近年来工业化大生产过程使用和排放了大量有毒有害物质，而环保措施又相对落后，使得地球正面临严峻的大气污染、水体污染、土壤及地下水污染、固废与垃圾问题、土地荒漠化和沙化问题以及生物多样性破坏等各种环境问题。环境是我们人类赖以生存的条件，我们每个人都有责任来保护我们的环境。

　　在本章中，环境问题将被分成企业环境问题和社会环境问题两大方面，结合水污染、大气污染、噪声污染、固体废物污染等介绍各类环境污染的定义、种类和常见处理处置方式等。

## 第一节　我国的主要环境保护制度

### 一、环境保护法

　　环境保护法是为保护和改善环境，防治污染和其他公害，保障公众健康，推进生态文明建设，促进经济社会可持续发展制定的国家法律。保护环境是国家的基本国策，一切单位和个人都有保护环境的义务。

　　国家采取有利于节约和循环利用资源、保护和改善环境、促进人与自然和谐的经济、技术、政策和措施，使经济社会发展与环境保护相协调。环境保护坚持保护优先、预防为主、综合治理、公众参与、损害担责的原则。

　　地方各级人民政府应当对本行政区域的环境质量负责。企事业单位和其他生产经营者应当防止、减少环境污染和生态破坏，对所造成的损害依法承担责任。公民应当增强环境保护意识，采取低碳、节俭的生活方式，自觉履行环境保护义务。

### 二、环境影响评价制度

　　环境影响评价制度是指在进行建设活动之前，对建设项目的选址、设计和建成投产使用后可能对周围环境产生的不良影响进行调查、预测和评定，提出防治措施，并按照法定程序进行报批的法律制度。

根据《环境影响评价法》和《建设项目环境保护管理条例》的规定，国家根据建设项目对环境的影响程度，对建设项目的环境影响评价实行分类管理。建设单位应当按照下列规定组织编制环境影响评价文件：

（1）可能造成重大环境影响的，应当编制环境影响报告书，对产生的环境影响进行全面评价；

（2）可能造成轻度环境影响的，应当编制环境影响报告表，对产生的环境影响进行分析或者专项评价；

（3）对环境影响很小、不需要进行环境影响评价的，应当填报环境影响登记表。

环境保护部（现为生态环境部）已经发布了《建设项目的环境影响评价分类管理名录》。根据最新的环评法规，环境影响报告书和环境影响报告表，需要获得相应的环保部门的审批，而环境影响登记表则只需要到环保部门进行备案即可。

## 三、环境保护"三同时"制度

建设项目环境保护"三同时"制度是指建设项目中的环境保护设施必须与主体工程同时设计、同时施工、同时投产使用，是我国环保制度中的一项创举。

《环境保护法》的第四十一条对建设项目"三同时"做了规定，要求建设项目中防治污染的设施与主体工程同时设计、同时施工、同时投产使用。同时，防治污染的设施应当符合经批准的环境影响评价文件的要求，不得擅自拆除或者闲置。

此外，《水污染防治法》《固体废物污染环境防治法》《环境噪声污染防治法》《建设项目环境保护管理条例》等环保法律法规，也对"三同时"制度做了相应的规定。

## 四、排污申报登记和排污许可制度

排污申报登记制度是指由排污企业向环境保护行政主管部门申报其污染物的排放和防治情况，并接受监督管理的一系列法律规范构成的规则系统。

申报的主要内容包括排污者的基本情况，正常生产和非正常状态下排放污染物的种类、数量、浓度、处置及排放去向、地点和方式、污染治理和三废综合利用等状况。

排污许可是世界各国通行的环境管理制度，是企业环境守法的依据、政府环境执法的工具、社会监督护法的平台。

控制污染物排放许可制（简称排污许可制）是依法规范企事业单位排污行为的基础性环境管理制度，环境保护部门通过对企事业单位发放排污许可证并依证监管，实施排污许可制。

2019 年 12 月，生态环境部公布了《固定污染源排污许可分类管理名录（2019 年版）》，分批分步骤推进排污许可证管理。排污单位应当在"名录"规定的时限内持证排污，禁止无证排污或不按证排污。

## 五、排污费和环境保护税制度

根据《环境保护法》等法律法规的规定，排放污染物的企事业单位和其他生产经营者，应当按照国家有关规定缴纳排污费。排污费应当全部专项用于环境污染防治，任何单位和个人不得截留、挤占或者挪作他用。2018 年 1 月 1 日起施行《环境保护税法》。该法称应税污染物，是指所附《环境保护税税目税额表》《应税污染物和当量值表》规定的大气污染物、水污染物、固体废物和噪声。

有下列情形之一的，不属于直接向环境排放污染物，不缴纳相应污染物的环境保护税：①企事业单位和其他生产经营者向依法设立的污水集中处理、生活垃圾集中处理场所排放应税污染物的；②企事业单位和其他生产经营者在符合国家和地方环境保护标准的设施、场所储存或者处置固体废物的。

根据《环境保护法》的规定，依照法律规定征收环境保护税的，不再征收排污费。

## 六、严格的责任追究制度

对于违反环境保护法律法规的行为，污染者将被追究刑事责任、行政责任和民事责任。

1. 环境刑事责任

2011 年 2 月 25 日，第十一届全国人大常委会第十九次会议通过《刑法修正案（八）》，该修正案第 46 条将 1997 年《刑法》的第 338 条修改为：违反国家规定，排放、倾倒或者处置有放射性的废物、含传染病病原体的废物、有毒物质或者其他有害物质，严重污染环境的，处三年以下有期徒刑或者拘役，并处或者单处罚金。这就是"污染环境罪"。《刑法》中与环境相关的罪名还有非法处置进口的固体废物罪、擅自进口固体废物罪、走私废物罪、环境监管失职罪等罪名。

为使刑法修正案中有关污染环境罪的规定更具可操作性，最高人民法院、最高人民检察院于 2013 年 6 月 17 日联合发布《关于办理环境污染刑事案件适用法律若干问题的解释》（法释〔2013〕15 号），自 2013 年 6 月 19 日起施行。

2016 年 12 月 23 日，最高人民法院、最高人民检察院发布《关于办理环境污染刑事案件适用法律若干问题的解释》（法释〔2016〕29 号），对 2013 年发布的司法解释进行了修订，自 2017 年 1 月 1 日起施行。

2. 环境行政责任

行政处罚是对于违反行政法律规范的行政相对人的制裁，其目的是为了有效实施行政管理，维护公共利益和社会秩序，保护公民、法人和其他组织的合法权益，同时也是对违法者予以惩戒，促使其以后不再犯。

环境行政处罚的种类包括：警告；罚款；责令停产整顿；责令停产、停业、关闭；暂扣、吊销许可证或者其他具有许可性质的证件；没收违法所得、没收非法财物；行政拘留；法律、行政法规设定的其他行政处罚种类。

2015年1月1日施行的《环境保护法》，规定了按日计罚制度。该制度实施以来，起到了很好的威慑作用。

---

**案例**

### 洛阳最严格环保处罚出鞘 超标排放企业被罚近亿元

截至2016年6月30日，河南省洛阳某公司已接到该县环保局9663万元罚单。6月30日这一天，也是该公司两台完成脱硝改造的锅炉实现达标排放的日子。

什么原因让这个企业背负近亿元的罚款？一是2015年1月至6月30日期间的氮氧化物连续超标排放问题；二是环保部门对其实行了新环保法所规定的按日计罚的处罚方式。

2014年7月1日后，国家实行的排放标准变化，氮氧化物排放浓度从不得高于$600mg/m^3$变化为不得高于$100mg/m^3$。而当时企业的实际排放浓度是在$400mg/m^3$左右，已超过了新标准。

氮氧化物超标主要原因是脱硝处理没到位，在接到环保部门的整改通知和罚单后，该企业也对氮氧化物超标问题进行过整改，但脱硝的改造进程却十分缓慢。该企业称是因为资金吃紧，对锅炉的改造迟迟没有进行。2015年1月1日，新环保法正式施行，而按日计罚的处罚条款在全国铺开。一年半内，该公司接到新安县环保局连续31期的罚款通知，金额迅速累积到近亿元。截至2016年6月30日，该公司已接到该县环保局9663万元罚单。

---

3. 环境民事责任

环境民事责任，是指个人或单位违反有关环境法律法规的规定，造成环境污染或生态破坏，侵害他人的民事权利，依照环境保护的法律法规依法应当承担的法律责任。它是民事法律责任的一种，也是侵权民事责任的一个组成部分。

2009年12月26日全国人大常委会通过了《侵权责任法》，并自2010年7月1日起施行。该法在第八章专门设立"环境污染责任"，规定：因污染环境造成损害的，污染者应当承担侵权责任；因污染环境发生纠纷，污染者应当就法律规定的不承担责任或者减轻责任的情形及其行为与损害之间不存在因果关系承担举证责任；两个以上污染者污染环境，污染者承担责任的大小，根据污染物的种类、排放量等因素确定；因第三人的过错污染环境造成损害的，被侵权人可以向污染者请求赔偿，也可以向第三人请求赔偿，污染者赔偿后，有权向第三人追偿。

关于环境民事责任，最高人民法院颁布了两个司法解释：《最高人民法院关于审理环境侵权责任纠纷案件适用法律若干问题的解释》（法释［2015］12号）、《最高人民法院关于审理环境民事公益诉讼案件适用法律若干问题的解释》（法释［2015］1号）。

## 七、构建现代环境治理体系

为贯彻落实党的十九大部署，构建党委领导、政府主导、企业主体、社会组织和公众共同参与的现代环境治理体系，中共中央办公厅、国务院办公厅印发《关于构建现代环境治理体系的指导意见》的通知（中办发［2020］6号），对构建现代环境治理体系提出如下的主要意见。

### 1. 指导思想

以习近平新时代中国特色社会主义思想为指导，深入贯彻习近平生态文明思想。以坚持党的集中统一领导为统领，以强化政府主导作用为关键，以深化企业主体作用为根本，以更好动员社会组织和公众共同参与为支撑，实现政府治理和社会调节、企业自治良性互动，完善体制机制，强化源头治理，形成工作合力，为推动生态环境根本好转、建设生态文明和美丽中国提供有力制度保障。

### 2. 基本原则

坚持党的领导。贯彻党中央关于生态环境保护的总体要求，实行生态环境保护党政同责、一岗双责。

坚持多方共治。明晰政府、企业、公众等各类主体权责，畅通参与渠道，形成全社会共同推进环境治理的良好格局。

坚持市场导向。完善经济政策，健全市场机制，规范环境治理市场行为，强化环境治理诚信建设，促进行业自律。

坚持依法治理。健全法律法规标准，严格执法、加强监管，加快补齐环境治理体制机制短板。

### 3. 主要目标

到2025年，建立健全环境治理的领导责任体系、企业责任体系、全民行动体系、监管体系、市场体系、信用体系、法律法规政策体系，落实各类主体责任，提高市场主体和公众参与的积极性，形成导向清晰、决策科学、执行有力、激励有效、多元参与、良性互动的环境治理体系。

# 第二节　水污染防治

**案例**

## 中石油吉林"11·13"爆炸事故及松花江水污染事件

2005 年 11 月 13 日，中石油吉林石化分公司双苯厂硝基苯精馏塔发生爆炸，造成 8 人死亡，60 人受伤，直接经济损失 6908 万元，并引发松花江水污染事件。国务院事故及事件调查组经过深入调查、取证和分析，认定是一起特大安全生产责任事故和特别重大水污染责任事件。

爆炸事故的直接原因是：硝基苯精制岗位操作人员违反操作规程，引起进入预热器的物料突沸并发生剧烈振动，使预热器及管线的法兰松动、密封失效，空气吸入系统，由于摩擦、静电等原因，导致硝基苯精馏塔发生爆炸，并引发其他装置、设施连续爆炸。爆炸事故的主要原因是：中石油吉林分公司及双苯厂对安全生产管理不够重视，对存在的安全隐患整改不力，安全生产管理制度存在漏洞，劳动组织管理存在缺陷。

污染事件的直接原因是：双苯厂没有在事故状态下防止受污染的"清净下水"流入松花江的措施，爆炸事故发生后，未能及时采取有效措施，防止泄漏出来的部分物料和循环水及抢救事故现场消防水与残余物料的混合物流入松花江。

污染事件的间接原因是：吉化分公司及双苯厂对可能发生的事故会引发松花江水污染问题没有进行深入研究，有关应急预案有重大缺失；吉林市事故应急救援指挥部对水污染估计不足，重视不够，未提出防控措施和要求；中国石油天然气集团公司和股份公司对环境保护工作重视不够，对吉化分公司环保工作中存在的问题失察，对水污染估计不足，重视不够，未能及时督促采取措施；吉林市环保局没有及时向事故应急救援指挥部建议采取措施；吉林省环保局对水污染问题重视不够，没有按照有关规定全面、准确地报告水污染程度；环保总局在事件初期对可能产生的严重后果估计不足，重视不够，没有及时提出妥善处置意见。

按照事故调查"四不放过"的原则，给予中石油集团公司副总经理行政记过处分，给予吉化分公司董事长、总经理、党委书记、双苯厂厂长等 9 名企业责任人员行政撤职、行政降级、行政记大过、撤销党内职务、党内严重警告等党纪政纪处分；给予吉林省环保局局长行政记大过、党内警告处分；给予吉林市环保局局长行政警告处分。

为了吸取事故教训，国务院要求各级党、政领导干部和企业负责人要进一步增强安全生产意识和环境保护意识，提高对危险化学品安全生产以及事故引发环境污染的认识，切实加强危险化学品的安全监督管理和环境监测监管工作。要求有关部门尽快组织研究并修订石油和化工企业设计规范，限期落实事故状态下"清净下水"不得排放的措施，防止和减少事故状态下的环境污染。要结合实际情况，不断改进本地区、本部门和本单位"重大突发事件应急救援预案"中控制、消除环境污染的应急措施，坚决防范和遏制重特大生产安全事故和环境污染事件的发生。

## 一、水污染物及其来源

水污染物是指直接或者间接向水体排放的，能导致水体污染的物质。水污染物可分成非溶性污染物、可溶性污染物和其他污染物。

1. 非溶性污染物

（1）悬浮物（SS） 动水中呈悬浮状，静水中可下沉或上浮。包括泥沙、大颗粒黏土、矿物废渣等无机易沉悬浮物，草木、浮游生物体等有机易浮悬浮物。

（2）胶体 尺寸较小，在水中长期静置不会下沉。包括黏土、细菌、病毒、腐殖质、蛋白质等，造成水的色、臭、味。

2. 可溶性污染物

（1）耗氧有机物（COD、BOD、TOD、DO、TOC） 生活污水和某些工业废水中含有糖、蛋白质、氨基酸、酯类、纤维素等有机物质，这些物质以悬浮状态或溶解状态存在于水中，排入水体后能在微生物作用下分解为简单的无机物，在分解过程中消耗氧气，使水体中的溶解氧减少，微生物繁殖。

（2）植物性营养物（N、P） 植物性营养物主要指含有氮磷等植物所需营养物的无机、有机化合物，如氨氮、硝酸盐、亚硝酸盐、磷酸盐、含氮和磷的有机化合物。这些污染物排入水体，特别是流动较缓慢的湖泊、海湾，容易引起水中藻类及其他浮游生物大量繁殖，形成富营养化污染。

（3）重金属污染物（汞、镉、铅、铬、镍、砷等） 很多重金属对生物有显著毒性，并且能被生物吸收后通过食物链浓缩千万倍，最终进入人体造成慢性中毒或严重疾病。例如，著名的日本水俣病就是由于甲基汞破坏了人的神经系统而引起的；骨痛病则是镉中毒造成骨骼中钙的减少的后果，这两种疾病最终都会导致人的死亡。

（4）酸碱污染 当水体 pH 值小于 6.5 或大于 8.5 时，水中微生物的生长会受到抑制，致使水体自净能力减弱，并影响渔业生产，严重时还会腐蚀船只、桥梁及其他水上建筑。

3. 其他污染物

（1）石油类 石油类产品的废水进入水体后会漂浮在水面并迅速扩散，形成一层油膜，阻止大气中的氧进入水中，妨碍水生植物的光合作用。石油在微生物作用下的降解也需要消耗氧，造成水体缺氧。石油还会使鱼类呼吸困难直至死亡。

（2）病原体　生活污水、医院污水和屠宰、制革、洗毛、生物制品等工业废水，常含有病原体，会传播霍乱、伤寒、胃炎、肠炎、痢疾以及其他病毒传染的疾病和寄生虫病。

（3）放射性物质等　水污染来源主要是生活污水和生产废水。生活污水主要来自家庭、商业、学校、旅游服务业及其他城市公用设施，包括厕所冲洗水、厨房洗涤水、洗衣机排水、沐浴排水及其他排水等。污水中主要含有悬浮态或溶解态的有机物质，还含有氮、硫、磷等无机盐类和各种微生物。工业废水产生于工业生产过程，其水量和水质随生产过程而异，可根据不同的来源或废水特性进行分类：根据废水来源可以分为工艺废水、成品洗涤水、场地冲洗水以及设备冷却水等；根据废水中主要污染物的性质可分为有机废水、无机废水、兼有有机物和无机物的混合废水、重金属废水、放射性废水等；根据产生废水的行业性质，又可分为造纸废水、印染废水、焦化废水、农药废水、电镀废水等。

## 二、废水处理工艺

废水处理处置设施见图 6-1。

(a) 厌氧池　　　　　　　　　　　　　　(b) 好氧池

(c) 为好氧池提供曝气的鼓风机　　　　　　(d) 沉淀池

图 6-1　废水处理设施现场图

1. 常规废水处理工艺

常规废水处理工艺如图 6-2 所示。

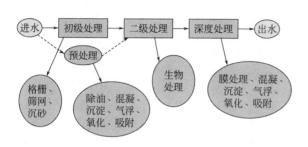

| 项目 | 处理方法 |
|------|----------|
| 初级处理 | 格栅、筛网、沉砂 |
| 预处理 | 除油、混凝、沉淀、气浮、氧化、吸附 |
| 二级处理 | 生物处理 |
| 深度处理 | 膜处理、混凝、沉淀、气浮、氧化、吸附 |

图 6-2　常规废水处理工艺图

废水进入初级处理系统后，悬浮物、胶体、纸张、毛发等漂浮物通常用格栅或重力沉降的方法去除。这个处理一般较为容易，且成本较低。

预处理有很多方法，油类等一些轻的组分或较难沉淀的组分，通常采用预处理方法，如除油板、加入混凝剂等方法使其漂浮至水体表面，用刮泥的方法除去或沉降在底部，通过重力沉淀后分离除去。还有些特别的组分，如磷酸盐，可以加入石灰，让其发生化学反应生成难溶物，再经过滤或沉淀的方法除去。

经过初级处理或预处理的废水，再进入二级处理系统，主要是利用生物的方法去除污水中的有机物和氮磷等营养物质。这级处理系统是主要的废水处理系统，可以处理掉大部分的污染物，但一般占地面积较大。

经过初级和二级处理的废水如果仍不能达到排放标准，还需要由深度处理系统进行处理，方法主要包括活性炭吸附和膜处理等。

2. 生化废水处理工艺

生化废水处理工艺如图 6-3 所示。

生化处理系统一般包括三个处理步骤：

（1）废水先进入厌氧池或缺氧池，水中的氨氮或硝酸盐在厌氧菌的反硝化作用下，生成无污染的氮气，排入大气中。同时废水中的小分子的有机物分解成二氧化碳和少量的甲烷，大分子的复杂有机物可以降解成中小分子的有机物或有机酸，将进入下一级继续处理，而甲烷可以进一步利用。如废水中含硫，将转换成有毒的硫化氢气体，含硫废水需要考虑硫化氢的处理后，方可排放厌氧池产生的废气。

厌氧或缺氧性降解原理如下：

$$复杂有机物 \rightarrow 有机酸中间产物$$
$$含碳有机物 \rightarrow CH_4 + CO_2$$
$$含氮有机物 \rightarrow NH_3 \rightarrow N_2$$

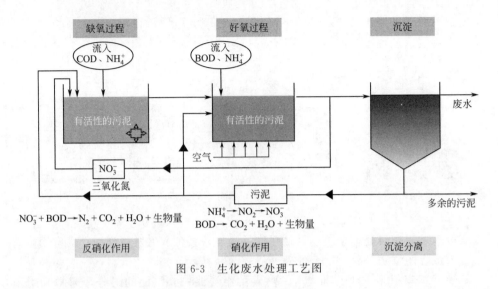

图 6-3　生化废水处理工艺图

$$含硫有机物 \rightarrow SO_4^{2-} \rightarrow H_2S$$

（2）经过初级降解的废水再进入有鼓风机一直曝气的好氧池，在附着于活性污泥上的好氧菌硝化作用下，水中的有机物进一步分解成二氧化碳，使得水质得到净化。而水中的氮会氧化成硝酸盐，硫化物会氧化成硫酸盐，可以再返回厌氧池进一步降解。

好氧性分解的降解原理如下：

$$含碳有机物 \rightarrow CO_2 + H_2O$$

$$含氮有机物 \rightarrow NH_3 \rightarrow NO_2^- \rightarrow NO_3^-$$

$$含硫有机物 \rightarrow H_2S \rightarrow SO_4^{2-}$$

（3）经过处理的废水将进入沉淀池进行沉淀分离，上清液可以溢流出来，经检测合格后排放。而附着好氧菌的活性污泥将沉淀下来，部分回到好氧池继续使用，产生的过多剩余污泥可以转到浓缩池浓缩后作为固体废弃物进一步处置或利用。

# 第三节　大气污染防治

自然状态下，大气是由混合气体、水汽和杂质组成。除去水汽和杂质的空气称为干洁空气。干洁空气的主要成分为 78.09% 的氮，20.94% 的氧，0.93% 的氩等稀有气体。这三种气体占总量的 99.96%，其他各项气体含量不到 0.1%。在干洁空气中，易变的成分是二氧化碳（$CO_2$）、臭氧（$O_3$）等，这些气体受地区、季节、气象以及人类生活和生产活动的影响。

## 一、大气污染

按照国际标准化组织（ISO）的定义，大气污染通常系指由于人类活动或自然过程引起某些物质进入大气中，呈现出足够的浓度，达到足够的时间，并因此危害了人体的舒适、健康和福利或环境的现象。

### 1.大气污染源分类

（1）生活污染源 由于烧饭、取暖、沐浴等生活上的需要，燃烧燃料废物对大气的排放。

（2）工业污染源 生产装置中物料经过化学、物理和生物化学过程排放的气体，也包括间接与生产过程有关的燃料燃烧、物料存储、装卸等作业散发的含有污染物质的气体。

（3）移动污染源 汽车、摩托车等交通工具产生的尾气。

### 2.大气污染物分类

（1）气状污染物 包括硫氧化物、一氧化碳、氮氧化物、烃类化合物、氯气、氯化氢、氟化物、氯化烃等。

（2）粒状污染物 包括悬浮微粒、黑烟、酸雾、落尘等。

（3）二次污染物 指污染物在空气中再经光化学反应而产生的污染，包括光化学雾、光化学性高氧化物等。

（4）恶臭物质 包括硫化氢、甲基硫、硫醇类、胺类等。

（5）细颗粒物 又称可吸入颗粒物。$PM_{2.5}$ 为大气中粒径小于 $2.5\mu m$（空气动力学当量直径）的颗粒物。虽然它只是地球大气成分中含量很少的组分，但它对空气质量和能见度等有重要的影响。细颗粒物粒径小，富含大量的有毒、有害物质且在大气中的停留时间长、输送距离远，进入呼吸系统后较难代谢或排出，不同粒径的颗粒物的危害性见图 6-4。

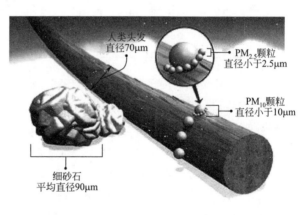

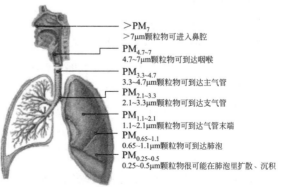

图 6-4 不同粒径的颗粒物的危害性

## 二、废气处理工艺

（1）**除尘技术**  含尘废气产生于固体物质的粉碎、筛分、输送、爆破等机械过程，或产生于燃烧、高温熔融化学过程。前者为粒度大、化学成分固定的粉尘，后者为粒度小、化学组成变化的烟尘，改进生产工艺和燃烧技术可以减少颗粒物的产生。各类除尘器适用性见表 6-1。

表 6-1  各类除尘器适用性

| 除尘器 | 除尘机理 | 适用范围 | 主要类型 |
|---|---|---|---|
| 机械除尘器 | 依靠机械力将尘粒从气流中除去 | 干燥粉尘，粉尘密度和粒径较大 | 旋风除尘器 |
| 静电除尘器 | 利用静电力实现尘粒与气流分离 | 烟气量大，可在高温或强腐蚀性气体下操作 | 板式、管式除尘器 |
| 过滤除尘器 | 使含尘气流通过滤料将尘粒分离捕集 | 不适用于温度高的含尘气体 | 袋式除尘器 |
| 洗涤除尘器 | 用液体洗涤含尘气体 | 适用范围广，可去除水溶性大气污染物等 | 水膜除尘器、文丘里洗涤器 |

（2）**除硫技术**  目前世界上减少二氧化硫排放量的主要技术如下：

① 原煤脱硫技术可以除去燃煤中大约 40%～60% 的无机硫。优先使用低硫燃料，如含硫较低的低硫煤和天然气等。

② 改进燃煤技术，减少燃煤过程中二氧化硫和氮氧化物的排放量。例如，液态化燃煤技术是受到各国欢迎的新技术之一。它主要是利用加进石灰石和白云石，与二氧化硫发生反应，生成硫酸钙随灰渣排出。对煤燃烧后形成的烟气在排放到大气中之前进行脱硫。

③ 目前主要用石灰法，可以除去烟气中 85%～90% 的二氧化硫气体。不过，脱硫效果虽好但成本高昂。例如，在火力发电厂安装烟气脱硫装置的费用，达到电厂总投资的 25% 之多。这也是治理酸雨的主要困难之一。

④ 开发新能源，如太阳能、风能、核能、可燃冰等，但是目前技术不够成熟，如果使用会造成新污染，且消耗费用十分高。

（3）**脱硝技术**  氮氧化物（$NO_x$）是空气中的 $N_2$ 和 $O_2$ 在高温高压下的反应产物，能在阳光的作用下产生二次大气污染——光化学烟雾。

控制氮氧化物的排放措施：改进燃烧方式，控制燃烧过程中 $NO_x$ 的产生；烟气脱硝。

### 三、有机废气污染治理技术

挥发性有机物（VOCs）活性强，在高温、强光照射下，极易与氮氧化物发生光化学反应，让细粒子污染渐趋严重，是灰霾天气频发的"元凶"之一。

挥发性有机物种类很多，包含的化学品非常广泛，目前国内外并没有统一的定义，普遍根据其挥发性（饱和蒸气压和沸点）来定义。参考上海市《大气污染综合排放标准》（DB31/933）的定义，指常温下饱和蒸气压大于 10Pa、常压下沸点在 260℃ 以下的有机化合物，或在 20℃ 条件下蒸气压大于或者等于 10Pa，具有相应挥发性的全部有机化合物。

VOCs 常见处置技术如下：

（1）源头控制　尽可能不使用含 VOCs 的原辅材料，并在工业生产过程中鼓励 VOCs 的回收利用，优先鼓励在生产系统内回用。

（2）过程控制　生产过程密闭作业，投料输送环节密闭，减少管道设备的泄漏。

（3）末端控制　主要的控制技术包括：采用冷凝回收、吸附回收技术进行回收利用；采用吸附技术回收；采用催化燃烧和热力焚烧技术净化后达标排放；采用吸附技术；采用生物技术、等离子体技术等。

此外，应严格控制 VOCs 处理过程中产生的二次污染，对于催化燃烧和热力焚烧过程中产生的含硫、氮、氯等无机废气，以及吸附、吸收、冷凝、生物等治理过程中所产生的含有机物废水，处理达标后才可排放。

对于不能再生的过滤材料、吸附剂及催化剂等净化材料，应按照国家固体废物管理的相关规定处理处置。

### 四、恶臭污染治理技术

原则上，恶臭污染物治理技术与有机废气治理技术基本上是一致的。但由于恶臭污染物的排放限值较低，在实际工艺选择上也有着自身的特点。各类恶臭治理技术适用性见表 6-2。

**表 6-2　各类恶臭治理技术适用性**

| 技术类型 | 机理 | 特点 | 适用范围 |
|---|---|---|---|
| 活性炭吸附 | 利用活性炭吸附臭气污染物 | 结构简单，占地面积小 | 低浓度的臭气污染物 |
| 填料塔技术 | 利用臭气成分与化学药液的主要成分间发生不可逆的化学反应 | 工艺简单，技术成熟，占地面积小 | 浓度高、易反应吸收的臭气污染物，对于硫化氢、氨等去除效率较高 |
| 直接燃烧法 | 利用焚烧炉或者氧化炉装置，对臭气进行燃烧氧化 | 投资成本大，操作要求高 | 适用于高浓度、大流量的有机臭气，但不适用于硫化氢、氨等无机臭气污染物 |

| 技术类型 | 机理 | 特点 | 适用范围 |
|---|---|---|---|
| 生物处理法 | 利用水中微生物对废气中的有害物质进行降解，或转化为无害或低害无臭物 | 投资少、效率高、设备简单、操作维护方便、可避免二次污染 | 适用于有机臭气污染物 |
| 催化氧化法 | 利用铂、铑等贵金属作为催化剂，将有害气体与异味气体等通过催化反应不可逆地分解为无臭、无害的产物 | 技术成熟、操作稳定、占地面积较小、处理效率较高 | 适宜处理有机恶臭污染物浓度较高的废气 |

# 第四节  固体废物污染防治

## 一、固体废物、生活垃圾与危险废物

（1）固体废物  在生产、生活和其他活动中产生的丧失原有利用价值的固态、半固态和置于容器中的气态的物品、物质，以及法律、行政法规规定纳入固体废物管理的物品、物质。特别需要说明的是，对于没有"丧失原有利用价值"的物质，即使具有危害，也不应该视为废物，应该本着"物尽其用"的原则加以利用。废物很多其实都是"放错地方的资源"。

（2）生活垃圾  人们在日常生活中或者为日常生活提供服务的活动中产生的固体废物，以及法律、行政法规规定视为生活垃圾的固体废物。主要包括居民生活垃圾、集市贸易与商业垃圾、公共场所垃圾、街道清扫垃圾及企事业单位垃圾等。

（3）危险废物  根据《固体废物污染环境防治法》的规定，列入《国家危险废物名录》或者根据国家规定的危险废物鉴别标准和鉴别方法认定的具有危险特性的固体废物。

根据《国家危险废物名录》的定义，危险废物为具有下列情形之一的固体废物（包括液态废物）：

（1）具有腐蚀性、毒性、易燃性、反应性或者感染性等一种或者几种危险特性的；

（2）不排除具有危险特性，可能对环境或者人体健康造成有害影响，需要按照危险废物进行管理的。

## 二、生活垃圾

1. 生活垃圾分类意义

我国当前正处于工业文明向生态文明转变的重大历史时期，将由过去的大量生产、大量消费、大量废弃的工业文明观念向更加可持续发展的合理生产、适度消费、循环利用的生态文明观念转变。垃圾分类是生态文明建设中非常重要的一环，实行生活垃圾分类，可化害为利，变废为宝。同时，随着人们环保意识增强，垃圾的处理处置备受关注。

中国每年垃圾总量超过 10 亿吨，且每年还以 5％～8％速度增长，国内至少有 2/3 城市面临"垃圾围城"窘境，因此建立系统的垃圾分类体系变得刻不容缓。以上海为例，按照官方统计，2019 年上海约产生 2.6 万吨生活垃圾，相当于每 2 周要堆成一个金茂大厦的高度。生活垃圾处理处置包括产生源、收集、末端再生资源利用的各个环节。生活垃圾量剧增为后端处理处置设施造成巨大的压力。在城市生活垃圾日益增长的现在，每一个市民都是垃圾的制造者和产生源，我们有义务也有责任管理好自己产生的垃圾，通过认真实践垃圾分类，实现源头上对垃圾的"减量化、资源化、无害化"，才能共同呵护我们的家园。

长期以来，我国城市生活垃圾的处理与处置主要以填埋为主，造成垃圾填埋场侵占土地、污染水体、消耗财政、浪费资源等严重的环境问题。随着我国环境保护法律法规的不断完善，填埋作为单一的处置方式越来越不适应垃圾处理"减量化、资源化、无害化"的要求，更多的城市倾向于垃圾处理多元化，最大限度降低生活垃圾对环境的影响，使生活垃圾处理与处置产生的经济效益和社会效益达到最优。

### 2. 生活垃圾分类法规

国家领导、住建部高度重视生活垃圾工作，提出垃圾分类短期目标，即到 2020 年，各城市全面推行垃圾分类制度，基本建立相应的法律法规和标准体系，公共机构普遍实行垃圾分类，作为先行先试的 46 个城市要初步建成垃圾分类处理系统。上海市率先公布《上海市生活垃圾管理条例》，并于 2019 年 7 月 1 日正式开始实施，这标志着"垃圾分类"在上海纳入法治框架。随后众多城市也公布了当地的《生活垃圾管理条例》。在垃圾分类标准和规范上，全国范围内略有差别：上海公布了具有上海特色的垃圾四分法，分别为干垃圾、湿垃圾、有害垃圾、可回收物，见图 6-5；全国性的《生活垃圾分类标志》（GB/T 19095—2019，2019 年 12 月 1 日实施）虽与上海的四分法略有区别，但大体方向还是一致的，即可回收物、有害垃圾、厨余垃圾、其他垃圾，见表 6-3、图 6-6。全国版厨余垃圾相当于上海市的湿垃圾，而其他垃圾则相当于上海市的干垃圾。

图 6-5　上海市生活垃圾四分法标志（2019 年版）

表 6-3　垃圾分类标志的类别构成

| 序号 | 大类 | 小类 |
|---|---|---|
| 1 | 可回收物 | 纸类 |
| 2 | | 塑料 |
| 3 | | 金属 |
| 4 | | 玻璃 |
| 5 | | 织物 |
| 6 | 有害垃圾 | 灯管 |
| 7 | | 家用化学品 |
| 8 | | 电池 |
| 9 | 厨余垃圾① | 家庭厨余垃圾 |
| 10 | | 餐厨垃圾 |
| 11 | | 其他厨余垃圾 |
| 12 | 其他垃圾② | — |

除上述 4 大类外，家具、家用电器等大件垃圾和装修垃圾应单独分类

①"厨余垃圾"也可称为"湿垃圾"。

②"其他垃圾"也可称为"干垃圾"。

注：本表摘自《生活垃圾分类标志》（GB/T 19095—2019）。

图 6-6　生活垃圾四分类标识（GB/T 19095—2019）

## 三、危险废物

### 1. 危险废物的储存管理

在工业固体废物中，对环境和健康危害最大的是危险废物，随意倾倒或利用处置不当会严重危害人体健康，甚至对生态环境造成难以恢复的损害。

企业需要设置专门的区域储存危险废物，严禁将一般固体废物和危险废物混在一起存放；不同特征的危险废物应分开存放；相互反应的危险废物应该储存在不同的区域。对于有易燃性的废物还要专门有通风设施，以防止发生火灾爆炸事故。

危险废物的储存需要满足四防：防风、防雨、防晒和防渗。具体要求参见 GB 18597—2001。

2.危险废物的经营与处置

根据《固体废物污染环境防治法》的规定，从事收集、储存、处置危险废物经营活动的单位，必须向县级以上环保部门申请领取危险废物经营许可证；从事利用危险废物经营活动的单位，必须向国务院环保部门或者省、自治区、直辖市环保部门申请领取经营许可证。禁止无经营许可证或者不按照经营许可证规定从事危险废物收集、储存、利用、处置的经营活动。禁止将危险废物提供或者委托给无经营许可证的单位从事收集、储存、利用、处置的经营活动。处置不当而被追究刑事责任、行政责任和民事责任的案例很多。

所有废物从产生到最后无害化处置都要有相关的记录并保存。这里面包括废物的种类、数量，入库和出库的日期，处置单位的名称，处置合同，以及转移联单等。图 6-7 为根据危险废物的特性，要求设置的危险废物的标识，必须在存储区域和运输过程中的醒目位置张贴。

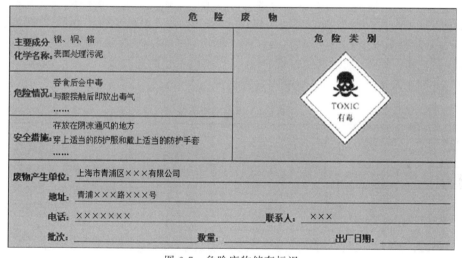

图 6-7 危险废物储存标识

危险废物需要保存的文件及记录：危险废物种类及数量、危险废物转移单、转移备案表、产生记录、入库和出库的日期（废物出入的记录）、处置单位资质处置合同等。

# 第五节 噪声污染防治

## 一、噪声及其标准

广义而言，凡是妨碍人们工作、学习，影响人们生活，干扰人们听觉的声音都属于噪声。根据《噪声污染防治法》，该法所称环境噪声，是指在工业生产、建筑施工、交通运输和社会生活中所产生的干扰周围生活环境的声音。而该法所称环境噪声污染，是指所产生的环境噪声超过国家规定的环境噪声排放标准，并干扰他人正常生活、工作和学习的现象。

根据国家标准《声环境质量标准》（GB 3096—2008），按区域的使用工程特点和环境质量要求，声环境功能区分为以下五种类型：

（1）0类声环境功能区　指康复疗养区等特别需要安静的区域。

（2）1类声环境功能区　指以居民住宅、医疗卫生、文化体育、科研设计、行政办公为主要功能，需要保持安静的区域。

（3）2类声环境功能区　指以商业金融、集市贸易为主要功能，或者居住、商业、工业混杂，需要维护住宅安静的区域。

（4）3类声环境功能区　指以工业生产、仓储物流为主要功能，需要防止工业噪声对周围环境产生严重影响的区域。

（5）4类声环境功能区　指交通干线两侧一定区域之内，需要防止交通噪声对周围环境产生严重影响的区域，包括4a类和4b类两种类型。4a类为高速公路、一级公路、二级公路、城市快速路、城市主干路、城市次干路、城市轨道交通（地面段）、内河航道两侧区域；4b类为铁路干线两侧区域。

不同声环境功能区的环境噪声排放标准见表6-4。

表 6-4　环境噪声限值　　　　　　　单位：dB（A）

| 声环境功能区类别 | | 时　　段 | |
|---|---|---|---|
| | | 昼间 | 夜间 |
| 0类 | | 50 | 40 |
| 1类 | | 55 | 45 |
| 2类 | | 60 | 50 |
| 3类 | | 65 | 55 |
| 4类 | 4a类 | 70 | 55 |
| | 4b类 | 70 | 60 |

## 二、噪声的控制

噪声控制主要包括4个方面：

（1）源头控制　最好的方法，在工艺设计阶段，应通过集中管理或者优化设备选型等措施，减少噪声源的数量，应优先选择低噪声的设备。

（2）运行管理　经验表明，许多噪声源都是安装不规范、运行不当或者维护不到位造成的振动引起的。因此，对于动设备，如泵、鼓风机等，应严格按照安装规范进行安装调试，加强运行管理，并制订实施严格的维护计划，确保设备良好运行。

（3）污染控制　按照噪声污染控制技术，选择经济有效的技术手段，对于噪声源和噪声污染进行控制。

（4）个体防护　最后的方法，通过佩戴个体防护用品，比如耳塞或者是耳罩，被动保护人体。

常用噪声控制措施如图 6-8 所示。

(a) 装在设备末端的消声器

(b) 高架道路上的隔声屏

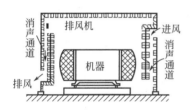

(c) 高噪声设备使用的隔声罩

(d) 在会议室安装的软的吸声材料

图 6-8　常用噪声控制措施

# 第六节　土壤和地下水污染防治

## 一、我国土壤和地下水污染现状

2014 年环保部和国土资源部联合发布《全国土壤污染状况调查公报》。该公报指出，在工业废弃地的土壤点位中，污染物超标点位占 34％。其中，主要污染物为锌、铅、砷等，污染涉及工业、矿业、冶金业等行业。由于我国污染场地涉及面广，且污染场地情况复杂、种类繁多以及场地监管不足，导致修复进展缓慢，危害人体健康的事件层出不穷。与国内同期的水污染和大气污染治理相比，土壤和地下水污染的治理进度是明显落后的，直到 2004 年的北京宋家庄地铁修建过程中的工人昏迷事件才开始引起社会对土壤污染的广泛关注。

由于土壤和地下水并不像地表水或大气直接暴露于地表环境中，其污染具有隐蔽性和不确定性的特点。这样就导致污染区域和范围难以界定，造成修复的难度加大，修复成本昂贵。另外土地责任方难以明确，部分负有责任的污染产业的破产让"污染者付费"原则难以实施，导致场地修复时常受到资金来源的困扰。

## 二、土壤和地下水污染物质的种类

我国的土壤和地下水污染物质有很多种，主要包括：

（1）化学污染物包括无机污染物和有机污染物。前者如汞、镉、铅、砷等重金属，过量的氮、磷植物营养元素，以及氧化物和硫化物等；后者如各种化学农药、石油及其裂解产物，以及其他各类有机合成产物等。

（2）物理污染物指来自工厂、矿山的固体废弃物，如尾矿、废石、粉煤灰和工业垃圾等。

（3）生物污染物指带有各种病菌的城市垃圾和由卫生设施（包括医院）排出的废水、废物以及厩肥等。

（4）放射性污染物主要存在于核原料开采和大气层核爆炸地区，以锶和铯等在土壤中生存期长的放射性元素为主。

## 三、土壤污染修复技术

1. 高温热解法

高温热解法即热处理技术，是通过向土壤中通入热蒸汽或用射频加热等方法把已经污染的土壤加热，使污染物产生热分解或将挥发性污染物赶出土壤并收集起来进行处理的方法。

主要用途：土壤有机污染物及挥发性重金属（例如汞）污染的修复。热处理技术对于大多数无机污染物是不适用的。

主要缺点：黏粒含量高的土壤处理困难；处理含水量高的土壤耗电多。

图 6-9 为直接加热焚烧处置土壤污染物的方法。

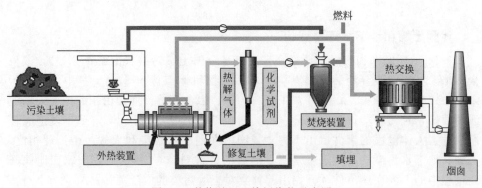

图 6-9　焚烧处置土壤污染物示意图

2. 土壤蒸气抽提技术

土壤蒸气抽提技术的基本原理是通过降低土壤孔隙内的蒸气压，把土壤介质中的化学污染物转化为气态而加以去除，适合于挥发性有机物和一些半挥发性有机物污染土壤的修复，也可以用于促进原位生物修复过程。

3. 固化/填充

固化技术是将重金属污染的土壤按一定比例与固化剂混合，经熟化最终形成渗透性很低的固体混合物。固化剂主要是水泥、石灰、粉煤灰、热塑性塑料等，也包括一些有专利的添加剂。

优点：可以同时处理被多种污染物污染的土壤，设备简单，费用较低。

缺点：不破坏、不减少土壤中的污染物，而仅仅是限制污染物对环境作用的有效性，随时间的迁移，被固定的污染物有可能重新释放出来，对环境造成危害。

4. 化学修复

化学钝化剂及改良剂法：该方法是通过施用化学钝化剂等来降低土壤污染物的水溶性、扩散性和生物有效性，从而降低它们进入植物体、微生物体和水体的能力，减轻对生态系统的危害。

土壤淋洗技术是指在淋洗剂（水、酸或碱溶液、螯合剂、还原剂、络合剂、表面活性剂溶液）的作用下，将土壤污染物从土壤颗粒中去除的一种修复技术。

萃取技术是一种异位修复技术。在处理过程中，污染物转移进入有机溶剂或超临界液体，而后溶剂被分离以进一步处理或弃置。适用于：挥发性和半挥发性有机污染物、卤化或非卤化有机污染物、多环芳烃、多氯联苯、二噁英、呋喃、除草剂和农药、炸药等。不适用于：氰化物、非金属和重金属、腐蚀性物质、石棉等。因其工艺复杂、费用较高，目前很少使用。

电动修复技术是向土壤施加直流电场，在电解、电迁移、扩散、电渗透、电泳等的共同作用下，使土壤溶液中的离子向电极附近富集从而被去除的技术。可以处理的污染物：重金属、放射性核素、有毒阴离子、稠的非水相液体、氰化物、石油烃、炸药、有机/离子混合污染物、卤代烃、非卤化污染物、多环芳烃等。最适合处理金属污染物，主要针对低渗透性的、黏质的土壤。

5. 微生物修复

污染土壤的微生物修复指利用天然存在的或特别培养的微生物在可调控的环境条件下将土壤中有毒污染物转化为无毒物质的处理技术。

6. 植物修复

植物修复技术指利用植物及其根际微生物对土壤污染物的吸收、挥发、转化、降解、固定作用而去除土壤中污染物的修复技术。

#### 四、地下水污染修复技术

地下水因其流动性和扩散性，往往容易造成污染扩散，修复难度也较大，主要有三种：

（1）异位修复方法，即将污染的地下水抽取出来，再对污染水进行焚烧、置换或部分热解吸技术等进行处置。

（2）原位（就地）修复方法，包括监控条件下的自然衰减法（MNA）和渗透性反应墙（PRB）等。

（3）将异位与原位修复相结合的方法，即将浓度高的污染水抽出进行焚烧或置换等异位修复，对余下的浓度较低的污染水进行监控下的自然衰减等原位修复法。

#### 五、土壤污染防治法规建设情况

经过近 10 年的发展，我国土壤污染防治领域目前已经初步建立一套完整的法规标准体系。我国土壤污染防治法规标准体系的核心通常指"一法、一条、两标、三部令"。

（1）"一法"指的是《土壤污染防治法》；

（2）"一条"指的是《土壤污染防治行动计划》（即"土十条"）；

（3）"两标"指的是《土壤环境质量农用地土壤污染风险管控标准（试行）》（GB 15618—2018）和《土壤环境质量建设用地土壤污染风险管控标准（试行）》（GB 36600—2018）；

（4）"三部令"指的是《污染地块土壤环境管理办法（试行）》、《工矿用地土壤环境管理办法（试行）》以及《农用地土壤环境管理办法（试行）》。

从标准规范的角度，围绕我国土壤污染防治针对的污染地块、工矿用地和农用地三大重点领域，以及全国土壤污染状况详查，已经制定了一系列的技术标准和技术规范文件。其中：

（1）针对污染地块相关标准规范 针对污染地块管理中的各个关键步骤，已经发布的标准规范主要为 HJ 25 系列标准以及相关技术指南，其中涉及场地环境调查监测、污染地块风险筛查评估、污染地块风险管控、污染地块土壤地下水修复、修复与管控工程环境监理、风险管控与修复效果评估以及后期管理工作。

（2）针对工矿用地管理相关标准规范 对于工矿用地特别是土壤污染重点监管单位用地，已经发布和征求意见中的标准规范涉及工矿企业重点设施防渗防漏、土壤污染隐患排查、土壤环境自行监测以及工矿企业拆除活动中的土壤污染防治工作要求。

（3）针对农用地管理相关标准规范 在农用地土壤管理方面，已经发布的标准规范涉及农用地土壤污染状况调查、土壤风险筛查、农用地土壤环境质量分类、安全利用与严格管控、治理与修复以及效果评估的工作要求。

（4）针对土壤污染状况详查相关标准规范　在全国农用地以及重点行业企业用地详查方面，已经发布的技术规定涉及详查信息采集技术、风险筛查与风险分级技术、疑似污染地块布点技术、样品采集保存和流转技术、分析测试方法技术以及质量保证和质量控制技术。

## 六、地下水污染防治法规建设情况

2011 年，出台《全国地下水污染防治规划（2011—2020 年）》。2011—2017 年，组织开展全国地下水基础环境状况调查评估，掌握了"双源"基本信息、环境管理状况。2015 年，国务院印发《水污染防治行动计划》，出台水污染防治法。

2018 年制修订《地下水质量标准》，将原标准的 39 项指标增加至 93 项，所确定的分类限值充分考虑了人体健康基准和风险等。同年发布地下水污染防治相关技术标准规范，包括环境调查、监测、评估、风险防控和修复，如《污染地块地下水修复和风险管控技术导则》。

2019 年 3 月 28 日，五部委联合印发《地下水污染防治实施方案》，这是当前和今后一个时期我国地下水污染防治的纲领性文件。该文件提出"强基础、建体系、控风险、保安全"的工作思路，提出"一保、二建、三协同、四落实"等任务。

目前我国地下水法规体系包括：

（1）《地下水质量标准》　国务院自然资源部门和水利部门共同提出的地下水质量分类、指标及限值，适用于我国地下水质量调查、监测、评价与管理。

（2）监测体系　国务院生态环境主管部门，统一组织城镇集中式地下水型饮用水源、垃圾填埋场、危险废物处置场等污染源开展调查，并监督在产企业自行开展地下水监测。国务院自然资源部门和水利部门依托"国家地下水监测工程"共同开展，掌握了我国主要平原盆地和人类活动经济区的地下水水位、水温、水质等。

（3）地下水污染防治分区体系　根据《地下水污染防治分区划分技术指南》，划定地下水污染保护区、防控区及治理区，提出地下水污染分区防治措施，实施地下水污染源分类监管。

（4）调查评估制度　根据《地下水环境状况调查评估技术指南》，对地下水饮用水源补给区、重点污染源周边地下水污染状况进行初步调查、详细调查等。

（5）风险评估制度　根据《地下水污染风险评估技术指南》，针对污染物含量超过地下水质量标准且非天然背景值影响的，应开展地下水污染风险评估。

（6）修复和风险管控制度　对地下水污染风险不可接受的，根据《地下水污染修复技术导则》，提出相应的地下水污染修复和风险管控措施。

# 第七节　其他环境污染防治

除了介绍的企业中产生和排放的废水、废气、废渣、噪声、土壤和地下水污染以外，还存在其他一些环境污染问题。

## 一、酸雨

酸雨的概念及危害等见表 6-5。

表 6-5　酸雨的概念及危害表

| | | |
|---|---|---|
| | 概念 | 人们一般把 pH 值小于 5.6 的降水称为酸雨 |
| | 形成 | 形成酸雨的大气污染物主要有硫氧化物和氮氧化物等 |
| 危害 | 水生生态 | 使河湖水酸化，影响鱼类生长繁殖，乃至大量死亡 |
| | 土壤生态 | 使土壤酸化，造成养分流失，影响微生物的活性，使土壤肥力降低，导致农作物减产 |
| | 植物生长 | 腐蚀树叶，使光合作用受阻，影响森林生长，林木成片死亡 |
| | 建筑物 | 腐蚀石材、钢材，造成建筑物、铁轨、桥梁和文物古迹的损坏 |
| 我国酸雨 | 类型 | 以煤炭为主要能源，故以硫酸型酸雨为主 |
| | 分布 | 分布范围不断扩大。20 世纪 80 年代多在西南地区；90 年代扩大到长江以南、青藏高原以东，目前扩展到华北和东北地区 |

## 二、光化学烟雾

汽车、工厂等污染源排入大气的烃类化合物和氮氧化物（$NO_x$）等一次污染物，会在阳光的作用下发生化学反应，生成臭氧（$O_3$）、醛、酮、酸、过氧乙酰硝酸酯（PAN）等二次污染物，参与光化学反应过程的一次污染物和二次污染物的混合物所形成的烟雾污染现象叫作光化学烟雾。

研究表明，在 60N（北纬）～60S（南纬）之间的一些大城市，在阳光强烈的夏、秋季节都可能发生光化学烟雾。光化学烟雾可随气流飘移数百公里。

20 世纪 40 年代之后，光化学烟雾污染在世界各地不断出现，如美国洛杉矶，日本东京、大阪，英国伦敦，澳大利亚、德国等的大城市。中国北京、南宁、兰州均发生过光化学烟雾现象。

## 三、臭氧层破坏

1985 年，英国科学家观测到南极上空出现臭氧层空洞，并证实其同氟利昂（CFCs）分解产生的氯原子有直接关系。这一消息震惊了全世界。到 1994 年，南极上空的臭氧层破坏面积已达 2400 万平方公里，北半球上空的臭氧层比以往任何时候都薄，欧洲和北美上空的臭氧层平均减少了 10%～15%，西伯利亚上空甚至减少了 35%。科学家警告说，地球上臭氧层被破坏的程度远比一般人想象的要严重得多。臭氧层的破坏，会导致到达地面的紫外线增多，危害人类健康，破坏生态环境。

联合国《关于破坏臭氧层物质管制的蒙特利尔议定书》及《议定书修正》规定了 15 种氯氟烷烃（CFCs）、3 种哈龙、40 种含氢氯氟烷烃（HCFCs）、34 种含氢溴氟烷烃（HBFCs）、四氯化碳（$CCl_4$）、甲基氯仿（$CH_3CCl_3$）和甲基溴（$CH_3Br$）为控制使用的消耗臭氧层物质，也称受控物质。中国也是该议定书的缔约国，也出台了国家计划来逐步减少并最终完全停止臭氧破坏物质的生产及使用。

## 四、温室效应和全球变暖

经过研究，人们认为在有可能引起气候变化的各种大气污染物质中，二氧化碳具有重大的作用。从地球上无数烟囱和其他种种废气管道排放到大气中的大量二氧化碳，约有 50% 留在大气里。二氧化碳能吸收来自地面的长波辐射，使近地面层空气温度增高，这叫作"温室效应"。

联合国政府间气候变化专业委员会（IPCC）第四次评估报告指出，气候变暖的客观事实是不容置疑的。近 100 年来，我国的气候正经历一次变暖为主要特征的显著变化。统计表明，1981 年到 20 世纪 90 年代，全球平均气温比 100 年前升高 0.48℃，人类在近一个世纪以来的工业发展中大量使用矿物燃料造成了全球变暖。

 思考题

1. 根据表 6-6，一个企业销售收入 1000 万元，原料成本 900 万元，其他成本 70 万元，如果通过环保清洁生产技术改进，可以将原料的消耗量下降 1%，问利润能增加百分之多少？

表 6-6　企业销售额、成本对照表　　　　单位：万元

| 项目 | 原来 | 现在原料消耗量下降1% |
| --- | --- | --- |
| 销售收入 | 1000 | 1000 |
| 原料成本 | 900 | 891 |
| 其他成本 | 70 | 70 |

2. 一根通过农田的原油管道发生泄漏后，会造成哪些环境污染事故？

3. 学校实验室日常操作中会涉及哪些环境污染物？

4.学校在各种污染物处理上采取了哪些措施？

5.通常市面上常见口罩有普通纸口罩、防尘口罩、防霾口罩、外科手术口罩、活性炭医用口罩、工业防尘口罩，它们各自有什么特点？对于雾霾的阻挡效果如何？

◆ 参考文献 ◆

［1］ 中华人民共和国环境保护法.

［2］ 中华人民共和国水污染防治法.

［3］ Crittenden J. 水处理原理与设计：水处理技术. 上海：华东理工大学出版社， 2016.

［4］ 中华人民共和国大气污染防治法.

［5］ 郝吉明， 马广大， 王书肖. 大气污染控制工程. 3版.北京：高等教育出版社， 2010.

［6］ 比斯 D A， 汉森 C H.工程噪声控制：理论和实践.北京：科学出版社， 2013.

［7］ 中华人民共和国固体废物污染防治法.

［8］ 庄伟强. 固体废物处理与处置. 3版.北京：化学工业出版社， 2015.

［9］ 国家危险废物名录（2016版）.

［10］ JEFFKUO.土壤及地下水修复工程设计.北京：电子工业出版社， 2013.

［11］ 环境保护部.挥发性有机物（VOCs）污染防治技术政策.公告 2013 年第 31 号. 2013-05-24 实施.

［12］ DB31/933—2015.上海市大气污染综合排放标准.

［13］ 吴荣良， 万美， 杜梦. 企业环境法律风险管理实务. 上海：上海交通大学出版社， 2016.

［14］ 中国青年报. 松花江污染大事记, 2005.

# 第七章　公共安全

## 第一节　消防安全

### 一、火灾事故及危害

根据公安部消防局公布的信息，全国每年的火灾数量惊人，火灾导致的死亡和受伤人数都在千人以上，造成的直接财产损失有数十亿元，见图 7-1。

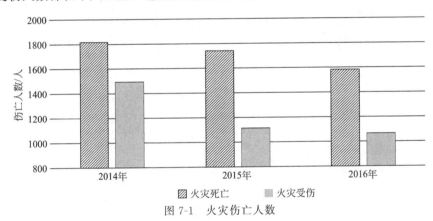

图 7-1　火灾伤亡人数

从统计数据看，冬春季节火灾多发，夜间火灾多发，发生在住宅的火灾伤亡人数最多，发生在厂房、仓储等场所的财产损失最大。在起火原因方面，违反电气安装使用规定、用火不慎和吸烟位列前三。

根据相关资料，笔者整理了国内十大火灾事故，见表 7-1。

表 7-1　20 世纪 90 年代以来国内十大火灾事故

| 序号 | 火灾时间 | 火灾地点 | 伤亡情况 | 火灾情况及直接原因 |
|---|---|---|---|---|
| 1 | 新疆克拉玛依特大火灾事故 | 1994 年 12 月 8 日 | 火灾共造成 325 人死亡，132 人受伤 | 当时正在举行文艺演出活动，共 796 人参加该活动，其中大部分为学生。舞台上方的 7 号光柱灯突然烤燃了附近的纱幕，接着引燃了大幕，火势迅速蔓延，很多安全门紧锁，无法迅速逃生，现场指挥失当 |

续表

| 序号 | 火灾时间 | 火灾地点 | 伤亡情况 | 火灾情况及直接原因 |
|---|---|---|---|---|
| 2 | 洛阳东都商厦特大火灾事故 | 2000年12月25日晚21时35分 | 火灾共造成309人死亡,7人受伤 | 现场施工人员烧焊作业时的电焊火花导致火灾发生。没有及时报警和疏散现场人员,火灾从二层迅速蔓延到四层东都娱乐城,导致娱乐城人员失去逃生的机会,被火灾产生的大量浓烟窒息死亡 |
| 3 | 天津港特别重大火灾爆炸事故 | 2015年8月12日23时30分许 | 该起事故导致165人死亡,8人失踪 | 瑞海公司危险品仓库运抵区南侧集装箱内的硝化棉由于湿润剂散失出现局部干燥,在高温(天气)等因素的作用下加速分解放热,积热自燃,引起相邻集装箱内的硝化棉和其他危险化学品长时间大面积燃烧,导致堆放于运抵区的硝酸铵等危险化学品发生爆炸。该事故为新中国成立以来消防官兵一次性牺牲最多的特大事故 |
| 4 | 吉林宝源丰禽业有限公司重大火灾爆炸事故 | 2013年6月3日6时10分许 | 共造成121人死亡,76人受伤,直接经济损失1.82亿元 | 主厂房南侧中间部位上层窗户最先冒出黑色浓烟,初期扑救但火势未得到有效控制。火势逐渐在吊顶内由南向北蔓延,同时向下蔓延到整个附属区。燃烧产生的高温导致冷库和螺旋速冻机的液氨输送和氨气回收管线发生物理爆炸,致使该区域上方屋顶卷开,大量氨气泄漏,介入了燃烧,火势蔓延至主厂房的其余区域 |
| 5 | 上海静安教师公寓楼特大火灾事故 | 2010年11月15日14时 | 火灾导致58人死亡,70余人受伤 | 起火原因是无证电焊工违章操作引起保温材料迅速燃烧 |
| 6 | 吉林中百商厦特大火灾事故 | 2004年2月15日11时许 | 火灾共造成54人死亡,70人受伤 | 丢落烟头引燃仓库内易燃物品,导致火灾发生。可燃物多,火灾蔓延非常迅猛,高温烟气通过两侧的楼梯间向上窜,将楼梯封住,大量人员很难从楼梯间疏散逃生。火灾发生后近半个小时竟然无人报警 |
| 7 | 深圳龙岗舞王俱乐部特大火灾事故 | 2008年9月20日23时许 | 火灾共造成43人死亡,88人受伤 | 事故发生时数百人正在喝酒、看歌舞表演,火灾是在舞台上燃放烟火造成的,起火点位于舞王俱乐部3楼。现场人员逃出时,过道上十分拥挤,造成惨剧。俱乐部内的吊顶装饰材料易燃,火势迅速蔓延,并产生了大量的毒烟;电路中断,现场漆黑;台凳摆放密集,疏散难度大 |
| 8 | 吉林辽源市中心医院特大火灾事故 | 2005年12月2日23时40分 | 共造成40人死亡,94人受伤 | 辽源市中心医院发生停电,电工室值班人员进行操作恢复供电后,随即出现火情,而医院相关人员没有及时采取报警、紧急疏散医患人员等有效措施,致使灾情扩大。这是新中国成立以来全国卫生系统中最大的一起火灾事故 |

续表

| 序号 | 火灾时间 | 火灾地点 | 伤亡情况 | 火灾情况及直接原因 |
|---|---|---|---|---|
| 9 | 河南平顶山市老年公寓特大火灾事故 | 2015 年 5 月 25 日 19 时 30 分许 | 造成 39 人死亡,6 人受伤,直接经济损失 2064.5 万元 | 电气线路接触不良发热,高温引燃周围的电线绝缘层、聚苯乙烯泡沫、吊顶木龙骨等易燃可燃材料,造成火灾,整体建筑短时间内垮塌损毁 |
| 10 | 哈尔滨天潭大酒店特大火灾事故 | 2003 年 2 月 2 日 17 时 58 分 | 火灾共造成 33 人死亡,10 人受伤 | 工作人员在取暖煤油炉未熄火的状态下,加注溶剂油,爆燃导致火灾。酒店内未安装火灾自动报警系统、自动喷水灭火系统、机械防排烟系统等消防设施 |

## 二、火灾预防

形成火灾,需要三个要素:可燃物、助燃物和点火源。助燃物指的是空气(氧气),一般很难控制。所以,控制火灾的重点在于控制可燃物和点火源。例如在办公室,禁止存放易燃易爆物品。易燃易爆物品应当存放在专门的仓库。严格控制火种,对于动火作业应当有严格的管控,在生产区域和办公区域禁止吸烟等。为预防火灾的发生,国家制定了许多法规和标准。

1.《中华人民共和国消防法》

《中华人民共和国消防法》(简称《消防法》)规定,机关、团体、企业、事业等单位应当履行下列消防安全职责:①落实消防安全责任制,制定本单位的消防安全制度、消防安全操作规程,制定灭火和应急疏散预案;②按照国家标准、行业标准配置消防设施、器材,设置消防安全标志,并定期组织检验、维修,确保完好有效;③对建筑消防设施每年至少进行一次全面检测,确保完好有效,检测记录应当完整准确,存档备查;④保障疏散通道、安全出口、消防车通道畅通,保证防火防烟分区、防火间距符合消防技术标准;⑤组织防火检查,及时消除火灾隐患;⑥组织进行有针对性的消防演练;⑦法律、法规规定的其他消防安全职责。单位的主要负责人是本单位的消防安全责任人。

《消防法》还规定了消防安全重点单位,县级以上地方人民政府消防救援机构应当将发生火灾可能性较大以及发生火灾可能造成重大的人身伤亡或者财产损失的单位,确定为本行政区域内的消防安全重点单位,并由应急管理部门报本级人民政府备案。消防安全重点单位应当履行下列消防安全职责:①确定消防安全管理人,组织实施本单位的消防安全管理工作;②建立消防档案,确定消防安全重点部位,设置防火标志,实行严格管理;③实行每日防火巡查,并建立巡查记录;④对职工进行岗前消防安全培训,定期组织消防安全培训和消防演练。

2.《机关、团体、企业、事业单位消防安全管理规定》

该规定指出，单位的消防安全责任人应当履行下列消防安全职责：①贯彻执行消防法规，保障单位消防安全符合规定，掌握本单位的消防安全情况；②将消防工作与本单位的生产、科研、经营、管理等活动统筹安排，批准实施年度消防工作计划；③为本单位的消防安全提供必要的经费和组织保障；④确定逐级消防安全责任，批准实施消防安全制度和保障消防安全的操作规程；⑤组织防火检查，督促落实火灾隐患整改，及时处理涉及消防安全的重大问题；⑥根据消防法规的规定建立专职消防队、义务消防队；⑦组织制定符合本单位实际的灭火和应急疏散预案，并实施演练。

该规定第七条指出，单位可以根据需要确定本单位的消防安全管理人。消防安全管理人对单位的消防安全责任人负责，实施和组织落实相关消防安全管理工作。

3. 相关消防标准

包括国家标准和公安行业标准，例如：

① 建筑设计防火规范（GB 50016—2014，2018 年修订）；

② 泡沫灭火系统设计规范（GB 50151—2010）；

③ 石油化工企业设计防火规范（GB 50160—2008，2018 年修订）；

④ 火灾自动报警系统设计规范（GB 50116—2013）；

⑤ 自动喷水灭火系统设计规范（GB 50084—2017）；

⑥ 建筑灭火器配置设计规范（GB 50140—2010）；

⑦ 建筑消防设施的维护管理（GA 587—2005）。

## 三、火灾逃生

发生了火警应该怎么处置？如果我们发现被困在火场，最明智的做法就是要想办法离开这个火场，迅速跑到房子的外面，这是上上之策，同时大家一定要留意这样的一个事实：火灾的时候，浓烟比火焰更加危险。统计数据显示，被大火直接烧死的和因浓烟窒息而死的比例大约是 2∶5。

被困火场的时候，如果我们身处高楼大厦当中应当怎么来逃生呢？

首先需要注意的是，请勿使用电梯，以免电力突然中断而被困。同时，现在的很多建筑设计当中，一旦发生火警，电梯会自动迫降到底楼。

要根据逃生路线往安全出口方向逃生，因此你需要留意安全出口在哪里，要熟悉自己的逃生路线。每开一扇门，先试门把手及门是否烫手，若门不热，表明火势不大，应尽快离开房间，并随手关门，门是遏制火力蔓延的最佳屏障。通常根据消防设计的要求，防火门都可以达到半小时以上才能被烧毁。如果我们入住宾馆，对于这样一个陌生的环境，需要首先留意紧急出口的位置，并实地查看应急出口是否畅通。

在浓烟滚滚的火灾现场，最好使用专业的防毒面具。现在很多的宾馆里都准备了防毒面具，所以大家在入住的时候也要知道这些面具存放的地方。如果找不到这些防毒面具，可利用毛巾或者是床单，弄湿了之后，捂住自己的口鼻，蹲下身体匍匐前进。一般浓烟都比空气密度小，所以应尽可能地蹲下来，在靠近地面的地方，避开烟雾。

如果实在没办法逃离，那么你就要想办法待在房间里，但是一定要待在能够让救援人员看见的地方，同时要把门关住，门缝也要想办法塞紧，尽量防止烟的进入，然后在窗口发出求救的信号，让救援人员能够迅速地看到你。很多人都会想，如果我待在那个地方，消防人员或其他救援人员都看不见，那么我是否能够跳楼？2008 年 11 月 14 日，上海某高校的女生宿舍发生火灾，这个事故发生在学生楼的 6 楼，有 4 位女生试图跳楼逃生，无一生还。已经有无数的事实证明，在 3 楼以上，如果你要往下跳，你受伤甚至死亡的概率是非常大的，所以希望大家在 2 楼以上，不要轻易想着跳窗或者是跳楼。

家中如备有逃生绳等专业设备，可直接使用。如没有，可想办法将窗帘或者床单撕成条，结成绳，帮助逃生。

大量的火灾表明，在火灾的初期，如果能有效扑救，扑灭火灾成功率大概在 85%。在现在的阶段，由于消防队设施的限制，要扑灭七层楼以上的火灾，存在相当的难度。在高层及建筑物消防设施不健全的情况下，居民自防自救就显得非常重要。灭火器是扑灭初期火灾最有效的灭火器械。厂房、实验室和办公室均应按规定配备灭火器，并应当定期组织培训，员工应掌握正确的灭火器操作方法，这是将火灾损失降低到最低的最有效的办法。

现在最常用的灭火器是干粉灭火器，还有泡沫灭火器以及二氧化碳灭火器。它们适用的场所不完全一致，在家庭或者办公室里面用得最多的是干粉灭火器。关于灭火器的配备也有国家标准来进行相应的规范，应设置在非常显眼的地方，而且要便于取用。当然设置的地方也不能影响疏散。

灭火器配备好了之后，要在日常中注意进行经常性检查。对灭火器的配置、外观等，应当每月进行一次检查。日常巡检发现灭火器被挪动，缺少零部件或者灭火器的配置场所的使用性质发生变化等情况的时候，应当及时处置。

在灭火的时候，特别要注意人应当站在上风向或者是侧风向的位置，并且应当保持适当的距离。灭火时应当将灭火器对准火焰的根部，而不是直接往火焰上喷，而且要由近及远地水平扫射，这样才能达到最好的灭火效果，同时保护自己不受伤害。在火焰被彻底扑灭之前，不要轻言放弃。灭火器一旦使用，必须重新进行充装。

我们来简单地总结一下。提到安全，我们首先要识别危险，危险是后果和可能性两者的结合。关于消防安全，我们要先识别火灾的风险，要明白火灾的风险在哪里，同时我们要时刻留意紧急出口在哪里，我们要关注火灾发生的时候，怎么能够让自己尽快地逃生，也要关注周边的人，让他们能够一起尽快逃离火灾的现场，确保自己和他人的生命安全。

# 第二节　电梯安全

## 一、电梯事故

2015 年 7 月 26 日上午 9 点 57 分，31 岁的向女士带一小孩乘坐位于荆州市沙市区某百货公司扶梯，从 6 楼上升至 7 楼电梯驱动站时，脚踏上紧靠前缘板的盖板上，踏翻盖板，向女士掉进梯级与防护板之间，被卷入运动的梯级中，不幸死亡，小孩被向女士本能举起后获救。

同样的事情在各地也不断发生。2012 年 9 月 22 日，上海南京东路某商厦，一名女游客不慎踏入正在维修的电梯井，径直从六楼坠落到底层，当场不治身亡。据事后的调查发现，当初施工人员正在更换和调试电梯，电梯箱停留在 7 楼，原先 6 楼是有警示标志的，但是施工人员为了调试方便，暂时将警示标志拿走了，女游客并不知道这个地方是在维修而发生坠落事故。

国家市场监督管理总局官方网站的信息显示，截至 2014 年底，我国电梯总量已达 360 万台，并以每年 20% 左右的速度增长，电梯保有量、年产量、年增长量均为世界第一。电梯事故时有发生。据市场监督管理总局特种设备安全监察局相关部门负责人表示，据统计，2014 年全国共发生 49 起电梯事故，死亡37 人。

## 二、电梯事故预防

2014 年 1 月 1 日施行的《中华人民共和国特种设备安全法》，对电梯的制造、安装、使用和维护做出了具体的规定：

（1）电梯的安装、改造、修理，必须由电梯制造单位或者其委托的依照本法取得相应许可的单位进行。电梯制造单位委托其他单位进行电梯安装、改造、修理的，应当对其安装、改造、修理进行安全指导和监控，并按照安全技术规范的要求进行校验和调试。电梯制造单位对电梯安全性能负责。

（2）电梯、客运索道、大型游乐设施等为公众提供服务的特种设备的运营使用单位，应当对特种设备的使用安全负责，设置特种设备安全管理机构或者配备专职的特种设备安全管理人员；其他特种设备使用单位，应当根据情况设置特种设备安全管理机构或者配备专职、兼职的特种设备安全管理人员。

（3）电梯的维护保养应当由电梯制造单位或者依照本法取得许可的安装、改造、修理单位进行。电梯的维护保养单位应当在维护保养中严格执行安全技术规范的要求，保证其维护保养的电梯的安全性能，并负责落实现场安全防护措施，保证施工安全。电梯的维护保养单位应当对其维护保养的电梯的安全性能负责；接到故障通知后，应当立即赶赴现场，并采取必要的应急救援措施。

（4）电梯投入使用后，电梯制造单位应当对其制造的电梯的安全运行情况进行跟踪调查和了解，对电梯的维护保养单位或者使用单位在维护保养和安全运行方面存在的问题，提出改进建议，并提供必要的技术帮助；发现电梯存在严重事故隐患时，应当及时告知电梯使用单位，并向负责特种设备安全监督管理的部门报告。电梯制造单位对调查和了解的情况，应当作出记录。

对于电梯的使用与维护保养，《电梯使用管理与维护保养规则》（TSG T5001—2009）对乘客电梯、载货电梯、液压电梯、杂物电梯、自动扶梯和自动人行道等都做了详细规定。

除了全国性的法律法规和技术规范外，一些地方也出台了地方性的规定，对使用管理单位的安全管理义务、安全管理机构和安全管理人员的职责、乘客安全注意事项、事故应急等做出了具体规定，例如：《北京市电梯安全监督管理办法》《上海市电梯安全管理办法》《广东省电梯使用安全条例》《湖北省电梯使用安全管理办法》等。

### 三、电梯事故应对

（1）在发生电梯故障的时候，首先迅速按下所有的楼层键，特别是在电梯快速往下坠落时。

其次，要立即想办法报警。电梯内都设有一个紧急呼叫按钮，这个按钮与值班室或者监视中心连接。乘客在被困之后应立即按紧急呼叫按钮。如果呼叫有回应，要做的就是等待救援；如果没有引起值班人员注意，或者紧急呼叫按钮也失灵了，最好用手机拨打报警电话。目前许多电梯内部都配置了手机的信号收发装置，所以都可以正常地接听电话。如果发现手机信号也没有的时候，可以脱下鞋子用鞋拍门。总之，应力求让别人能够知道你在里面。

报警了之后，在这段时间，可能你会顾虑在电梯里是否会窒息。目前，新的电梯国家标准有严格的规定，只有达到通风的效果，才能够投放市场。电梯有许多活动的部件，比如说一些连接的位置，如轿壁和轿顶的连接处都有缝隙，一般来说，足够人的呼吸需要。把铺在电梯轿厢地面上的地毯卷起来，将底部的通风口暴露出来，可达到最好的通风效果。

另外一个问题，可能大家也很关心电梯坠落。从目前的设计来看，电梯安装有安全防坠装置，防坠装置将牢牢卡在电梯槽两旁的轨道，使电梯不至于掉下去。即使遭遇停电，安全装置也不会失灵。所以在这个时候，你务必保持镇定，要保持体力，等待救援。万一发生电梯坠落，这时候我们应该怎么办呢？大家知道我们人的身体最脆弱的部分，一个是我们的脖部，另外一个是我们的腰部，所以应该像图 7-2 当中的姿势一样，如果真的发生电梯坠落的事故，我们能够做的是尽量下蹲，同时用双手抱紧颈部，这样的话，在坠落的过程当中，能够最大限度地保护自己。同时如果发现在轿厢当中有扶手，尽量用双手抓着扶手。

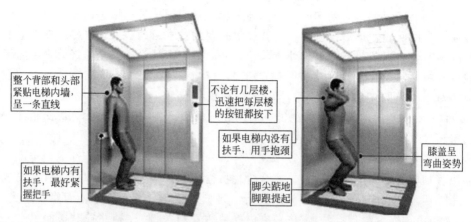

整个背部和头部紧贴电梯内墙，呈一条直线

不论有几层楼，迅速把每层楼的按钮都按下

如果电梯内没有扶手，用手抱颈

膝盖呈弯曲姿势

如果电梯内有扶手，最好紧握把手

脚尖踮地脚跟提起

图 7-2　电梯下坠时的正确姿势

（2）自动扶梯在大型商场、地铁等都大量使用。关于自动扶梯又会有什么风险呢？我们来看一看，自动扶梯最大的风险就在于突然停止，甚至有的时候倒转，所以关于自动扶梯有几个方面需要特别注意。

第一，不要在运行的扶梯上蹦蹦跳跳，运行的扶梯有一定的速度，倘若在上面蹦蹦跳跳，就可能因一时站不稳而跌倒，或者滚倒。另外要靠扶梯的右边站立，一手紧握扶手带，防止被人推挤等意外情况而摔倒。而且靠右站也是一种礼貌，方便他人通过，同时特别要留意女生的长裙的风险，因为裙摆有可能会被卷入到扶梯当中而产生不测。还有一点需要注意的是，身体的任何部位都不要伸出扶梯外面，防止撞到外侧的物体。扶梯都是在有限的空间当中安装，两侧都是有其他的物品，所以一定要将身体各部位始终保持在扶梯内。

第二，大人一定要看管好自己的孩子，不能让孩子单独乘坐自动扶梯，尤其是快要走出扶梯或者要上扶梯的那一刹那，大人要时刻看护孩子，或者直接抱着孩子通过，防止意外的发生。

第三，不要在扶梯入口或者出口处停留。出口、入口是重要的关卡，你的停留可能让别人来不及躲闪，有可能直接撞到彼此，严重时候可能发生拥挤踩踏而导致人员受伤。

电梯作为特种设备，它的制造、使用、维护有着特别的要求。关于电梯，我们要时刻想着可能会有哪些后果发生。同时我们要考虑到万一发生事故，应当怎么来冷静对待，包括在商场、地铁、车站当中安装非常普遍的自动扶梯，我们也要引起高度的注意。

# 第三节  人员聚集安全

## 一、相关事件引发的思考

2014 年 12 月 31 日 23 时 35 分许，正值跨年夜活动，因很多游客、市民聚集在上海外滩迎接新年，外滩陈毅广场东南角北侧人行通道阶梯处的单向通行警戒带被冲破，造成人流对冲，致使有人摔倒，发生拥挤踩踏事件，造成 36 人死亡，49 人受伤。

在 2015 年 1 月 21 日上海市政府公布的事件调查报告中认定这是一起对群众性活动预防准备不足，现场管理不力，应对能力不当而引发的拥挤踩踏并造成重大伤亡和严重后果的公共安全责任事件。调查报告认定，相关区政府和相关部门对该事件负有不可推卸的责任。

《法制晚报》记者据公开报道统计发现，2000 年以来，至少发生了 15 起踩踏事故，至少有 140 人在事故中丧生，310 人受伤。在踩踏失去生命的人们中，多为小孩、学生、女性等在对抗中相对弱势的群体。例如：

(1) 2014 年 7 月 26 日，云南省昆明市某小学发生踩踏事故，造成学生 6 人死亡，26 人受伤。事故原因为学生在通过临时放置于午休宿舍楼一楼单元过道处的海绵垫时发生跌倒，引发下楼学生相互叠加挤压，导致学生严重伤亡。

(2) 2014 年 1 月 5 日，宁夏固原市西吉县北大寺发生踩踏事故，事故造成 14 人死亡，10 人受伤（其中 4 人重伤）。

(3) 2009 年 12 月 7 日晚，湖南省湘乡市某中学发生踩踏事故，发生点即在该校教学楼的楼梯拐角处。当时，由于下雨，52 个班的学生大都选择从离宿舍比较近的一号楼梯下楼，有一个女生滑倒，导致发生踩踏。

(4) 2007 年 11 月 10 日，重庆家乐福沙坪坝店在 10 周年店庆促销活动中，推出了一个限时抢购桶装油的活动，由于抢购人众多引发踩踏事故，造成 4 人死亡，30 人受伤。

(5) 2004 年 2 月 5 日，北京市密云县（2015 年撤县，设立密云区）密虹公园举办的密云县第二届迎春灯展中，因一游人在公园桥上跌倒，引起身后游人拥挤，造成踩死、挤伤游人的特大恶性事故，造成 37 人死亡，15 人受伤。

(6) 2001 年 4 月 8 日，前往陕西省华阴市玉泉院赶庙会的群众因拥挤踩踏，造成死 16 人、伤 6 人的重大事故。

如果从世界范围来看，发生的拥挤踩踏事件也不少。据统计，2000～2006 年间，国内外大型活动中发生 85 起踩踏事故，造成 4026 人死亡，7513 人受伤，平均每起踩踏事故死亡人数约为 47 人，受伤人数约为 88 人。特别容易发生踩踏事故的是体育比赛、狂欢节、宗教活动等人员密集场所。

正是吸取了诸多血的教训，有关部门积极行动，防患未然。在2015年的4月底，黄浦公安针对五一期间外滩的安保措施出炉了预案。同时，全国各大景区都公布了游客的最大承载量来控制游客的数量。在5月份，北京的故宫也宣布，将在6月份启动强制限流，日客流量将控制在8万人次。

为避免拥挤踩踏，我们应当意识到人员密集场所可能的风险。最好的方法就是力求避免到这样拥挤的地方去。但是由于某种原因，如果确实已经在这个充满风险的地方，这时候我们应该采取哪些措施来保护自己呢？第一，尽可能抓住一些固定物，比如电线杆、树木、桌椅等。第二，尽可能靠边。第三，保护自己的胸腔以及头部。可以三五人抱团站稳避免摔倒，将小孩等保护在中间，尽可能避免挤压。

简单总结，就从外滩拥挤踩踏这个事件，引发了一系列的思考：

（1）我们需要充分考虑风险，这也是我们通常讲的风险的辨识。

（2）这些辨识出来的风险，我们要对其严重程度和可能性进行评估。对于组织者而言，很重要的是要考虑信息的传播，需要确保信息能够得到准确的传递。

（3）我们要采取足够的预防措施来防范类似的风险的后果的发生。为此，需要事先制定应急预案。这个应急预案应当是建立在风险评估的基础之上，所以对于EHS管理，我们时时刻刻要牢记我们关注的是风险，包括现场的风险以及法律上的风险，只有我们辨识清楚了风险之后，我们才能采取必要的措施来控制风险，来最大限度地防范任何意外事件的发生。

## 二、相关法规

公共场所人群聚集的安全管理近年来越来越受到人们的关注，国家也出台一些相关的法律规定。

2007年9月14日，国务院发布《大型群众性活动安全管理条例》，自2007年10月1日起施行。该条例所称大型群众性活动，是指法人或者其他组织面向社会公众举办的每场次预计参加人数达到1000人以上的下列活动：体育比赛活动；演唱会、音乐会等文艺演出活动；展览、展销等活动；游园、灯会、庙会、花会、焰火晚会等活动；人才招聘会、现场开奖的彩票销售等活动。影剧院、音乐厅、公园、娱乐场所等在其日常业务范围内举办的活动，不适用本条例的规定。

该条例规定：

（1）大型群众性活动的安全管理应当遵循安全第一、预防为主的方针，坚持承办者负责、政府监管的原则。

（2）大型群众性活动的承办者对其承办活动的安全负责，承办者的主要负责人为大型群众性活动的安全责任人。

（3）公安机关对大型群众性活动实行安全许可制度。大型群众性活动的预计参加人数在 1000 人以上 5000 人以下的，由活动所在地县级人民政府公安机关实施安全许可；预计参加人数在 5000 人以上的，由活动所在地设区的市级人民政府公安机关或者直辖市人民政府公安机关实施安全许可。

（4）举办大型群众性活动，承办者应当制订大型群众性活动安全工作方案。大型群众性活动安全工作方案包括下列内容：活动的时间、地点、内容及组织方式；安全工作人员的数量、任务分配和识别标志；活动场所消防安全措施；活动场所可容纳的人员数量以及活动预计参加人数；治安缓冲区域的设定及其标识；入场人员的票证查验和安全检查措施；车辆停放、疏导措施；现场秩序维护、人员疏导措施；应急救援预案。

（5）承办者具体负责下列安全事项：落实大型群众性活动安全工作方案和安全责任制度，明确安全措施、安全工作人员岗位职责，开展大型群众性活动安全宣传教育；保障临时搭建的设施、建筑物的安全，消除安全隐患；按照负责许可的公安机关的要求，配备必要的安全检查设备，对参加大型群众性活动的人员进行安全检查，对拒不接受安全检查的，承办者有权拒绝其进入；按照核准的活动场所容纳人员数量、划定的区域发放或者出售门票；落实医疗救护、灭火、应急疏散等应急救援措施并组织演练；对妨碍大型群众性活动安全的行为及时予以制止，发现违法犯罪行为及时向公安机关报告；配备与大型群众性活动安全工作需要相适应的专业保安人员以及其他安全工作人员；为大型群众性活动的安全工作提供必要的保障。

（6）大型群众性活动的场所管理者具体负责下列安全事项：保障活动场所、设施符合国家安全标准和安全规定；保障疏散通道、安全出口、消防车通道、应急广播、应急照明、疏散指示标志符合法律、法规、技术标准的规定；保障监控设备和消防设施、器材配置齐全、完好有效；提供必要的停车场地，并维护安全秩序。

# 第四节　物流安全

## 一、危险货物分类

1.危险货物的定义

根据《道路危险货物运输管理规定》，危险货物（dangerous goods）是指具有爆炸、易燃、毒害、感染、腐蚀等危险特性，在生产、经营、运输、储存、使用和处置中，容易造成人身伤亡、财产损毁或者环境污染而需要特别防护的物质和物品。

危险货物的分类、分项、品名和品名编号应当按照国家标准《危险货物分类和品名编号》（GB 6944）、《危险货物品名表》（GB 12268）执行。危险货物的危险程度依据国家标准《危险货物运输包装通用技术条件》（GB 12463）分为Ⅰ、Ⅱ、Ⅲ等级。

危险货物以列入国家标准《危险货物品名表》（GB 12268）的为准。托运危险货物需要按照不同的运输模式及对应的运输规则。危险货物的分类可以委托危险货物分类鉴定资质的机构出具《危险货物分类鉴定报告》。未经分类的危险货物不得进行运输。

**2. 危险货物的类别**

危险货物根据其所具有的危险性或其中最主要的危险性，将其划入 GB 6944 规定的 9 个类别，其中第 1 类、第 2 类、第 4 类、第 5 类和第 6 类再分为项别，具体类别和项别如下：

第 1 类：爆炸性物质和物品。

1.1 项：有整体爆炸危险的物质和物品（整体爆炸是指瞬间能影响到几乎全部载荷的爆炸）。

1.2 项：有迸射危险，但无整体爆炸危险的物质和物品。

1.3 项：有燃烧危险并有局部爆炸危险或局部迸射危险之一，或兼有这两种危险、但无整体爆炸危险的物质和物品，包括可产生大量热辐射的物质和物品，以及相继燃烧产生局部爆炸或迸射效应，或两者兼而有之的物质和物品。

1.4 项：不呈现重大危险的物质和物品。本项包括运输中万一点燃或引发仅造成较小危险的物质和物品；其影响主要限于包装本身，并且预计射出的碎片不大，射程不远。外部火烧不会引起包装内几乎全部内装物的瞬间爆炸。

1.5 项：有整体爆炸危险的非常不敏感物质，在正常运输情况下引发或由燃烧转为爆炸的可能性很小。作为最低要求，它们在外部火焰试验中应不会爆炸。

1.6 项：无整体爆炸危险的极端不敏感物品。该物品仅含有极不敏感爆炸物质，并且其意外引发爆炸或传播的概率可忽略不计。1.6 项物品的危险仅限于单个物品的爆炸。

第 2 类：气体。

2.1 项：易燃气体。

2.2 项：非易燃无毒气体。

2.3 项：毒性气体。

第 3 类：易燃液体。

第 4 类：易燃固体、易于自燃的物质、遇水放出易燃气体的物质。

4.1 项：易燃固体、自反应物质和固态退敏爆炸品和聚合物质。

4.2项：易于自燃的物质。

4.3项：遇水放出易燃气体的物质。

第5类：氧化性物质和有机过氧化物。

5.1项：氧化性物质。

5.2项：有机过氧化物。

第6类：毒性物质和感染性物质。

6.1项：毒性物质。

6.2项：感染性物质。

第7类：放射性物质。

第8类：腐蚀性物质。

第9类：杂项危险物质和物品，包括危害环境物质。

3. 危险货物联合国编号

每类危险货物有多个条目，每个条目都对应一个联合国编号（以下简称 UN 编号），用以识别这些危险货物。具有 UN 编号的货物全部为危险货物，可以通过查看化学品技术说明书（SDS）第十四项运输信息进行确认。按照条目属性可将条目分为 A、B、C、D 四类，A 类为单一条目，B、C、D 类为集合条目。条目属性说明如下：

（1）A 类　单一条目，适用于意义明确的物质或物品，包括含有若干个异构体的物质条目。

示例：UN1090 丙酮。

（2）B 类　类属条目，适用于意义明确的一组物质或物品，不含"未另作规定的"条目。

示例：UN1133 胶黏剂。

（3）C 类　"未另作规定的"特定条目，适用于一组具有某一特定化学性质或技术性质的物质或物品。

示例：UN1987 醇类，未另作规定的。

（4）D 类　"未另作规定的"一般条目，适用于一组符合一个或多个类别、项别标准的物质或物品。

示例：UN1993 易燃液体，未另作规定的。

4. 危险货物运输标签

危险货物应根据危险性在包装上张贴正确的运输标签，标签应贴在反衬底色上，或者用虚线或实线标出外缘。标签形状应为呈 45°角的正方形（菱形），尺寸最小 100 mm×100 mm。集装箱及集装罐张贴尺寸为 250mm×250mm。标签式样见表 7-2。

表 7-2　危险货物运输标签

| 序号 | 标签名称 | 标签图形 | 对应的危险货物类项号 |
|---|---|---|---|
| 1 | 爆炸性物质和物品 | (符号：黑色；底色：橙红色) | 1.1<br>1.2<br>1.3 |
| | | (符号：黑色；底色：橙红色) | 1.4 |
| | | (符号：黑色；底色：橙红色) | 1.5 |
| | | (符号：黑色；底色：橙红色)<br>＊＊项号的位置——如果爆炸性是次要危险性，留空白；<br>＊配装组字母的位置——如果爆炸性是次要危险性，留空白 | 1.6 |

续表

| 序号 | 标签名称 | 标签图形 | 对应的危险货物类项号 |
|------|----------|----------|----------------------|
| 2 | 易燃气体 | (符号：黑色；底色：正红色)<br><br>(符号：白色；底色：正红色) | 2.1 |
| | 非易燃无毒气体 | (符号：黑色；底色：正红色)<br><br>(符号：黑色；底色：绿色) | 2.2 |

| 序号 | 标签名称 | 标签图形 | 对应的危险货物类项号 |
|---|---|---|---|
| 2 | 毒性气体 | <br>（符号：黑色；底色：白色） | 2.3 |
| 3 | 易燃液体 | <br>（符号：黑色；底色：正红色）<br><br>（符号：白色；底色：正红色） | 3 |
| 4 | 易燃固体 | <br>（符号：黑色；底色：正红色） | 4.1 |

续表

| 序号 | 标签名称 | 标签图形 | 对应的危险货物类项号 |
|------|----------|----------|----------------------|
| 4 | 易于自燃的物质 | (符号: 黑色; 底色: 上白下红) | 4.2 |
| | 遇水释放出易燃气体的物质 | (符号: 黑色; 底色: 蓝色)<br><br>(符号: 白色; 底色: 蓝色) | 4.3 |
| 5 | 氧化性物质 | (符号: 黑色; 底色: 柠檬黄色) | 5.1 |

| 序号 | 标签名称 | 标签图形 | 对应的危险货物类项号 |
|------|----------|----------|----------------------|
| 5 | 有机过氧化物 | <br>(符号: 黑色; 底色: 红色和柠檬黄色)<br><br>(符号: 白色; 底色: 红色和柠檬黄色) | 5.2 |
| 6 | 毒性物质 | <br>(符号: 黑色; 底色: 白色) | 6.1 |
|   | 感染性物质 | <br>(符号: 黑色; 底色: 白色) | 6.2 |

续表

| 序号 | 标签名称 | 标签图形 | 对应的危险货物类项号 |
|---|---|---|---|
| | 一级放射性 | <br>(符号:黑色; 底色:白色, 附一条红竖条)<br>黑色文字,在标签下半部分写上:<br>"放射性"<br>"内装物_____"<br>"放射性强度_____"<br>在"放射性"字样之后应有一条红竖条 | 7A |
| 7 | 二级放射性 | <br>(符号:黑色; 底色:上黄下白, 附两条红竖条)<br>黑色文字,在标签下半部分写上:<br>"放射性"<br>"内装物_____"<br>"放射性强度_____"<br>在一个黑边框格内写上:"运输指数"<br>在"放射性"字样之后应有两条红竖条 | 7B |
| | 三级放射性 | <br>(符号:黑色; 底色:上黄下白, 附三条红竖条)<br>黑色文字,在标签下半部分写上:<br>"放射性"<br>"内装物_____"<br>"放射性强度_____"<br>在一个黑边框格内写上:"运输指数"<br>在"放射性"字样之后应有三条红竖条 | 7C |

| 序号 | 标签名称 | 标签图形 | 对应的危险货物类项号 |
|---|---|---|---|
| 7 | 裂变性物质 | (符号:黑色; 底色:白色)<br>黑色文字<br>在标签上半部分写上:"易裂变"<br>在标签下半部分的一个黑边框<br>格内写上"临界安全指数" | 7E |
| 8 | 腐蚀性物质 | (符号:黑色; 底色:上白下黑) | 8 |
| 9 | 杂项危险物质和物品 | (符号:黑色; 底色:白色) | 9 |

5.危险货物包装

除第 1 类、第 2 类、5.2 项、6.2 项和第 7 类，以及 4.1 项中的自反应物质以外的物质，根据物质本身的危险程度，将其分为 3 个包装类别：

（1）包装类别Ⅰ　适用内装高度危险性的物质。

（2）包装类别Ⅱ　适用内装中等危险性的物质。

（3）包装类别Ⅲ　适用内装低度危险性的物质。

危险货物应根据其危险特性选择正确的包装，包装应当符合法律、行政法规、规章的规定以及国家标准、行业标准的要求。危险货物包装物、容器的材质以及包装的形式、规格、方法和单件质量（重量），应当与所包装的危险物质的性质和用途相适应。

通过危险货物相应包装试验的包装须在包装表面标注标记。标记采用白底黑字，可以印刷、粘贴、图打和钉附。钢制品需要打钢印。图 7-3 给出了危险货物包装的标记示例。

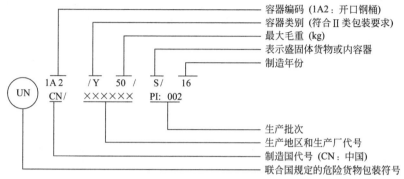

图 7-3　危险货物包装的标记示例

## 二、危险货物道路运输

1. 危险货物道路运输基本概念

危险货物道路运输，是指使用载货汽车通过道路运输危险货物的作业全过程。道路危险货物运输车辆，是指满足特定技术条件和要求，从事道路危险货物运输的载货汽车（以下简称专用车辆）。

从事道路危险货物运输经营的企业，需有符合国家标准规定的专用车辆及设备、停车场地、符合要求的从业人员和安全管理人员及健全的安全生产管理制度。符合条件的企业，可以获得设区的市级道路运输管理机构发放的《道路危险货物运输经营许可证》。运输车辆许可机关应当对专用车辆、设备予以核实，对符合许可条件的专用车辆配发《道路运输证》，并在《道路运输证》经营范围栏内注明允许运输的危险货物类别、项别或者品名，如果为剧毒化学品应标注"剧毒"；对从事非经营性道路危险货物运输的车辆，还应当加盖"非经营性危险货物运输专用章"。

危险货物道路运输分为托运、承运、装货、收货四个环节，对应环节的相关方称为托运人、承运人、装货人及收货人。各相关方在危险货物运输环节需要按照法规要求履行相应的法律职责。

2. 危险货物托运

危险货物应当由具有道路危险货物运输资质的企业承运。危险货物托运人应当对托运的危险货物种类、数量和承运人等相关信息予以记录。危险货物托运人应当严格按照国家有关规定妥善包装并在外包装设置标志，并向承运人说明危险货物的品名、数量、危害、应急措施等情况。需要添加抑制剂或者稳定剂的，托运人应当按照规定添加，并告知承运人相关注意事项。

危险货物托运人托运危险化学品时，还应当提交与托运的危险化学品完全一致的安全技术说明书和安全标签。法律、行政法规规定的限运、凭证运输货物（剧毒品、易制爆化学品、易制毒化学品、民用爆炸品），道路危险货物运输企业或者单位应当按照有关规定办理相关运输手续。

托运人必须办理有关手续后方可运输的危险货物，道路危险货物运输企业应当查验有关手续，齐全有效后方可承运。

### 3.危险货物承运

在道路危险货物运输过程中，除驾驶人员外，还应配备押运人员，确保危险货物处于押运人员监管之下。驾驶人员、押运人员上岗时应当随身携带从业资格证。

驾驶人员应当随车携带与车辆对应的《道路运输证》。驾驶人员或者押运人员应当按照《危险货物道路运输规则》的要求，随车携带《道路危险货物运输安全卡》。

道路危险货物运输企业应严格遵守有关部门关于危险货物运输线路、时间、速度以及车辆通行规定。车辆在一般道路上最高车速为 60km/h，在高速公路上最高车速为 80km/h。如遇雨天、雪天、雾天等恶劣天气，最高车速为 20km/h。驾驶人员一次连续驾驶 4h 应休息 20min 以上；24h 内实际驾驶车辆时间累计不得超过 8h。

道路危险货物运输企业应配备卫星定位监控系统，监控所有危险货物车辆运行状况并通过卫星定位监控平台或者监控终端及时纠正和处理超速行驶、疲劳驾驶、不按规定线路行驶等违法违规驾驶行为。专用车辆应当配备与所载运的危险货物相适应的应急处理器材和安全防护设备。

专用车辆应当按照《道路运输危险货物车辆标志》（GB 13392）的要求悬挂标志。运输剧毒化学品、爆炸品的企业或者单位，应当配备专用停车区域，并设立明显的警示标牌。

道路危险货物运输企业应当采取措施，防止货物脱落、扬散、丢失或发生事故。严禁专用车辆违反国家有关规定超载、超限运输。

道路危险货物运输从业人员必须熟悉有关安全生产的法规、技术标准和安全生产规章制度、安全操作规程，不得违章作业。

道路危险货物运输企业应制定应急预案，配备应急救援人员和必要的应急救援器材、设备，并定期组织应急救援演练。在危险货物运输过程中发生燃烧、爆炸、污染、中毒或者被盗、丢失、流散、泄漏等事故，应当立即根据应急预案和

《道路危险货物运输安全卡》的要求采取应急处置措施。

4.危险货物装卸及收货

在危险货物装卸过程中，应当根据危险货物的性质轻装轻卸，堆码整齐，防止混杂、撒漏、破损。危险货物的装卸作业应当遵守安全作业标准，并在装卸管理人员的现场指挥或者监控下进行。危险货物运输托运人和承运人应当按照合同约定指派装卸管理人员负责装卸作业。装卸作业现场要远离热源，通风良好，易燃易爆货物的装卸场所要有防静电和避雷装置。装卸作业前，车辆发动机应熄火，并切断总电源。在有坡度的场地装卸货物时，应采取防止车辆溜坡的有效措施。

装货人应当在充装或者装载货物前查验车辆行驶证和营运证、驾驶人及押运人员的资质证件、运输车辆/罐式车辆罐体/可移动罐柜/罐箱是否检验合格，核对危险货物名称、规格、数量，并认真检查货物包装。如货物的安全技术说明书、安全标签、标识、标志等与运单不符或包装破损应拒绝装车。

收货人应当及时收货，并按照安全操作规程进行卸货作业。

## 三、危险货物空运与海运

1.危险货物空运和海运风险概述

随着全球化的步伐加快，国际间的合作越来越紧密，数量庞大的危险货物通过空运、海运等方式运送到世界各地，在保证了全球经济有效运转的同时，风险也与日俱增，因瞒报、不合规操作导致的事故不断发生，这使得危险货物国际间运输的风险管控尤为重要。

空运快递发展迅速，其中谎报、瞒报危险货物为普通货物运输和不合规锂电池运输严重威胁了全球航空运输安全。2010年某国外航空公司从香港飞往迪拜的货机满载含有锂电池的货物，因机上不明原因起火冒烟导致在迪拜坠机，两名机组人员丧生；2014年某国内航空公司从上海虹桥机场飞往北京的航班因下舱快递谎报、瞒报易燃腐蚀性危险货物"二乙氨基三氟化硫"导致起火后备降济南遥墙机场，该票货物作为普通货物申报为"标书、鞋子、连接线和轴承"；2014年某机场仓库起火，经过检查后发现货物中有未申报的"耳机，手机充电背壳和iPad"；2016年某品牌手机Galaxy Note7因锂电池缺陷多次发生爆炸起火事件；2017年某品牌手机冒烟起火事件等。这些危险行为不仅导致企业信誉严重受损，还会导致航空运输相关人员和财产的巨大损失。

2019年5月24日，泰国林查班港韩国KMTC公司的集装箱货船发生起火爆炸事故。事故发生后，因爆炸和大火导致近130人受伤，爆炸原因是未申报的危险货物集装箱发生自燃，飞溅的化学品导致工人出现不同程度的皮肤灼伤。此外，大量危险货物流入大海。经查，总计有18个集装箱装有危险货物，其中13

个集装箱装有次氯酸钙，5 个集装箱装有氯化石蜡。危险货物被谎报、瞒报成普通货物（玩具娃娃）。无论是次氯酸钙还是氯化石蜡都是海洋污染物，大量泄漏到海里对于该海域的污染会成为更为长久的生态威胁。

综上，危险货物空运、海运运输风险主要集中在以下三点：

（1）谎报、瞒报危险货物为普通货物运输；

（2）危险货物运输不合规导致的运输安全问题；

（3）企业内物流安全合规管理缺失、人员培训不足。

2.危险货物空海运法规

联合国危险货物专家委员会制定了《关于危险货物运输的建议书·规章范本》（简称《规章范本》），该建议书适用于任何运输方式运输的危险货物。该建议书是各成员国政府以及联合国各有关机构涉及危险货物运输立法的基础和指南。

从国际空运法规来看，国际民航组织（ICAO）结合《规章范本》和《放射性物品安全运输规程》制定了《国际民航公约附件 18》、《危险品安全航空运输技术细则》（TI）、《与危险品有关的航空器事故症候应急响应指南》（俗称红皮书）。其中，《国际民航公约附件 18》目的是使国际民用航空按照安全和有秩序的方式发展，并使国际航空运输业务建立在机会均等的基础上，健康且经济地经营。该附件使 TI 的各项规定对各缔约国具有约束力。我国也是《国际民航公约附件 18》的缔约国之一。TI 是法律性文件，根据《国际民航公约附件 18》的原则和基本要求制定。TI 结合了《规章范本》《放射性物品安全运输规程》和各个国家运输危险品的差异条款，共分八个部分，详细规定了正确处理危险品的非常具体和必要的大量指南和操作规定，包括航空运输相关限制、危险品品名表、危险品包装说明和包装要求、各国危险品航空运输差异、承运人差异等，每两年更新一次。《与危险品有关的航空器事故症候应急响应指南》是机组人员使用的危险品处理信息速查手册，对于危险品引起的事故提供应急响应指南。国际航空运输协会（IATA）结合 TI 和各个航空公司运输危险品的差异条款每年出版一本危险品运输工具书——《危险品规则》。这是空运危险品使用最为广泛的操作手册，这本工具书指导空运环节的每一个主体如何正确操作空运危险品，包括托运人、货运销售代理人、航空公司等，同时也是危险品操作人员的主要培训资料。

海运方面，由国际海事组织（IMO）制定的《国际海运危险货物规则》（IMDG Code），是从事海运危险货物安全和防污染监督管理人员、承运人、托运人及其代理人、船公司管理人员、船舶检验人员、港口作业及管理人员必备的工具书。

其他发达国家关于危险货物的法规和管理有许多借鉴之处，总结如下：

（1）美国交通部（DOT）根据 TI 并结合本国实际情况制定了《危险货物运

输规则》，同时包括了公路、水路、铁路、航空等各种运输方式。日本的危险品运输管理则集中通过《消防法》对危险货物从生产准入、机制、场所、存储及运输的整个产业链设置了具体的标准，尤其对安全管理人员、监督人员、执业人员的准入和任免都做了具体规定。对于运输危险品的人员都有比较完善的制度措施；企业准入条件严格，通过法律途径对货运销售代理人进行有效监管来控制这些代理人的安全信用。

（2）欧洲各国的管制代理人制度将规范管理的主体定义为三类：托运人及其代理人，管制的货运销售代理人和承运人即航空公司。其特点是由政府组织实施，是系统性的安全管理制度。通过对这三类运输主体的监管来保证货运安全。荷兰的国家交通检查局自 1996 年即在机场设立机场办公室用来监督进出口荷兰机场的货物，保护和防止不安全事故或者事件的发生。其机场监察官员根据相关法律法规对进出的货运企业进行审查并对航空货运销售代理人的安全信用进行评级管控。在德国，有资格申请从事危险品运输的企业必须是道路运输企业联合会的成员，并要求其负责人有无犯罪证明、无违章记录且具有一定的资金实力，通过危险品运输资质考核后取得危险货物运输特许证，证件有效期仅为五年。

日本也有类似的管制代理人制度，其货运销售代理人资质数量有限，且一旦发生违规将吊销资质清除出货运代理市场。

## 四、危险化学品储存

1. 危险化学品仓库的选择

（1）储存危险化学品必须遵照国家法律、法规和其他有关的规定，必须储存在经相关政府部门批准设置的专门的危险化学品仓库中，经销部门自管仓库储存危险化学品及储存数量必须经相关政府部门批准。未经批准不得随意设置危险化学品储存仓库。

（2）储存物品的火灾危险性应根据储存物品的性质和储存物品中的可燃物数量等因素划分，可分为甲、乙、丙、丁、戊类，见表 7-3。

表 7-3　仓库类别划分

| 仓库类别 | 储存物品的火灾危险性特征 |
| --- | --- |
| 甲 | ① 闪点小于 28℃ 的液体；<br>② 爆炸下限小于 10% 的气体，以及受到水或空气中水蒸气的作用，能产生爆炸下限小于 10% 气体的固体物质；<br>③ 常温下能自行分解或在空气中氧化能导致迅速自燃或爆炸的物质；<br>④ 常温下受到水或空气中水蒸气的作用，能产生可燃气体并引起燃烧或爆炸的物质；<br>⑤ 遇酸、受热、撞击、摩擦以及遇有机物或硫黄等易燃的无机物，极易引起燃烧或爆炸的强氧化剂；<br>⑥ 受撞击、摩擦或与氧化剂、有机物接触时能引起燃烧或爆炸的物质 |

续表

| 仓库类别 | 储存物品的火灾危险性特征 |
|---|---|
| 乙 | ① 闪点不小于 28℃,但小于 60℃ 的液体;<br>② 爆炸下限不小于 10% 的气体;<br>③ 不属于甲类的氧化剂;<br>④ 不属于甲类的化学易燃危险固体;<br>⑤ 助燃气体;<br>⑥ 常温下与空气接触能缓慢氧化,积热不散引起自燃的物品 |
| 丙 | ① 闪点不小于 60℃ 的液体;<br>② 可燃固体 |
| 丁 | 难燃烧物品 |
| 戊 | 不燃烧物品 |

（3）选择仓储供应商时，应考虑其经营范围、是否存放入合规仓库、是否超量存放、是否违反储存禁忌、仓储建筑物是否合规、仓库内是否存在拆分装作业等。

2.危险化学品储存的基本要求

（1）危险化学品露天堆放，应符合防火、防爆的安全要求，爆炸物品、一级易燃物品、遇湿燃烧物品、剧毒物品不得露天堆放。

（2）储存危险化学品的仓库必须配备有专业知识的技术人员，其库房及场所应设专人管理，管理人员必须配备可靠的个人安全防护用品。

（3）储存的危险化学品应有明显的标志，标志应符合 GB 190 的规定。同一区域储存两种或两种以上不同级别的危险品时，应按最高等级危险物品的性能标志。

（4）危险化学品储存方式分为三种：隔离储存；隔开储存；分离储存。

（5）根据危险化学品性能分区、分类、分库储存。各类危险化学品不得与禁忌物料混合储存。

（6）储存危险化学品的建筑物、区域内严禁吸烟和使用明火。

（7）储存危险化学品的单位，应当根据其储存的危险化学品的种类和危险特性，在作业场所设置相应的监测、监控、通风、防晒、调温、防火、灭火、防爆、泄压、防毒、中和、防潮、防雷、防静电、防腐、防泄漏以及防护围堤或者隔离操作等安全设施、设备，并按照国家标准、行业标准或者国家有关规定对安全设施、设备进行经常性维护、保养，保证安全设施、设备的正常使用。

（8）储存危险化学品的单位，应当在其作业场所和安全设施、设备上设置明显的安全警示标志。

（9）储存危险化学品的单位，应当在其作业场所设置通信、报警装置，并保证处于适用状态。

（10）储存危险化学品的企业，应当委托具备国家规定资质条件的机构，对本企业的安全生产条件每 3 年进行一次安全评价，提出安全评价报告。安全评价报告的内容应当包括对安全生产条件存在的问题进行整改的方案。

（11）储存危险化学品的企业，应当将安全评价报告以及整改方案的落实情况报所在地县级安监部门备案。在港区内储存危险化学品的企业，应当将安全评价报告以及整改方案的落实情况报港口部门备案。

（12）储存剧毒化学品或者国务院公安部门规定的可用于制造爆炸物品的危险化学品（以下简称易制爆危险化学品）的单位，应当如实记录其储存的剧毒化学品、易制爆危险化学品的数量、流向，并采取必要的安全防范措施，防止剧毒化学品、易制爆危险化学品丢失或者被盗；发现剧毒化学品、易制爆危险化学品丢失或者被盗的，应当立即向当地公安机关报告。

（13）储存剧毒化学品、易制爆危险化学品的单位，应当设置治安保卫机构，配备专职治安保卫人员。

（14）危险化学品应当储存在专用仓库、专用场地或者专用储存室（以下统称专用仓库）内，并由专人负责管理；剧毒化学品以及储存数量构成重大危险源的其他危险化学品，应当在专用仓库内单独存放，并实行双人收发、双人保管制度。

（15）危险化学品的储存方式、方法以及储存数量应当符合国家标准或者国家有关规定。

（16）储存危险化学品的单位应当建立危险化学品出入库核查、登记制度。

（17）对剧毒化学品以及储存数量构成重大危险源的其他危险化学品，储存单位应当将其储存数量、储存地点以及管理人员的情况，报所在地县级安监部门（在港区内储存的，报港口部门）和公安机关备案。

（18）危险化学品专用仓库应当符合国家标准、行业标准的要求，并设置明显的标志。储存剧毒化学品、易制爆危险化学品的专用仓库，应当按照国家有关规定设置相应的技术防范设施。

（19）储存危险化学品的单位应当对其危险化学品专用仓库的安全设施、设备定期进行检测、检验。

3. 重大危险源的定义和管理

重大危险源，是指生产、储存、使用或者搬运危险化学品，且危险化学品的数量等于或者超过临界量的单元（包括场所和设施）。

危险化学品生产装置或者储存数量构成重大危险源的危险化学品储存设施（运输工具、加油站、加气站除外），与下列场所、设施、区域的距离应当符合国家有关规定：

（1）居住区以及商业中心、公园等人员密集场所；

（2）学校、医院、影剧院、体育场（馆）等公共设施；

（3）饮用水源、水厂以及水源保护区；

（4）车站、码头（依法经许可从事危险化学品装卸作业的除外）、机场、通信干线、通信枢纽、铁路线路、道路交通干线、水路交通干线、地铁风亭以及地铁站出入口；

（5）基本农田保护区、基本草原、畜禽遗传资源保护区、畜禽规模化养殖场（养殖小区）、渔业水域，以及种子、种畜禽、水产苗种生产基地；

（6）河流、湖泊、风景名胜区、自然保护区；

（7）军事禁区、军事管理区；

（8）法律、行政法规规定的其他场所、设施、区域。

已建的危险化学品生产装置或者储存数量构成重大危险源的危险化学品储存设施不符合前款规定的，由所在地设区的市级人民政府安监部门会同有关部门监督其所属单位在规定期限内进行整改；需要转产、停产、搬迁、关闭的，由本级人民政府决定并组织实施。

4.危险化学品储存应急管理

（1）应急响应的原则　不同的化学品事故处置方法不一样，应控制危险源，最大限度地将事故影响控制在最小范围，抢救受害人员，最大限度地保护人，指导员工防护，组织员工撤离，实施警戒隔离，做好现场清消，消除危害后果。

（2）应急响应的程序　查明事故基本情况，确认危险物质是否仍在泄漏，找到泄漏点，判明泄漏物质的主要危险性。先进行控制，通过堵、围、拦等方式力争事故范围不再扩大。若事故仍在扩大，泄漏物质量超过事故堤，应打开事故堤阀门，将泄漏物质经下水道引入设定的事故池。若有人员被困，应按照应急预案进行人员营救。同时应防止化学品着火，消除点火源。若已着火，应根据火灾预案及时扑灭火情。

（3）危险化学品基本应急物资　应针对危险化学品储存中存在的潜在风险配备相应应急物资，如防爆步话机、半面罩/全面罩呼吸器、防化服、SCBA、便携式毒性监测仪、应急防爆头灯、担架、防爆扳手、现场消防站、手提式/手推式灭火器、危险废物桶、洗眼器、急救药箱、警示牌等。

# 第五节　公共卫生安全

2020年突如其来的新型冠状病毒肺炎疫情，对人们的生命健康和整个社会的正常运行产生了重大影响。公共卫生安全再次引起了人们的高度关注。

## 一、公共卫生安全法律体系

1989年2月21日，第七届全国人民代表大会常务委员会第六次会议通过了

《中华人民共和国传染病防治法》（简称《传染病防治法》）。2004 年 8 月 28 日，结合处理"非典"的经验教训，对该法进行了修订，自 2004 年 12 月 1 日起施行。2013 年 6 月 29 日，第十二届全国人民代表大会常务委员会第三次会议又对该法进行了修订。

2003 年 5 月 9 日，国务院发布《突发公共卫生事件应急条例》（国务院令第 376 号），自公布之日起施行。该条例的出台，标志着我国进一步将突发公共卫生事件应急处理工作纳入到了法制化的轨道，促使我国突发事件应急处理机制的建立和完善，为今后及时、有效地处理突发事件建立起"信息畅通、反应快捷、指挥有力、责任明确"的法律制度。

## 二、传染病分类

根据《传染病防治法》规定，传染病分为甲类、乙类和丙类：

（1）甲类传染病　鼠疫、霍乱。

（2）乙类传染病　传染性非典型肺炎、艾滋病、病毒性肝炎、脊髓灰质炎、人感染高致病性禽流感、麻疹、流行性出血热、狂犬病、流行性乙型脑炎、登革热、炭疽、细菌性和阿米巴性痢疾、肺结核、伤寒和副伤寒、流行性脑脊髓膜炎、百日咳、白喉、新生儿破伤风、猩红热、布鲁氏菌病、淋病、梅毒、钩端螺旋体病、血吸虫病、疟疾。

（3）丙类传染病　流行性感冒、流行性腮腺炎、风疹、急性出血性结膜炎、麻风病、流行性和地方性斑疹伤寒、黑热病、包虫病、丝虫病，以及除霍乱、细菌性和阿米巴性痢疾、伤寒和副伤寒以外的感染性腹泻病。

上述规定以外的其他传染病，根据其暴发、流行情况和危害程度，需要列入乙类、丙类传染病的，由国务院卫生行政部门决定并予以公布。

对乙类传染病中传染性非典型肺炎、炭疽中的肺炭疽和人感染高致病性禽流感，采取本法所称甲类传染病的预防、控制措施。其他乙类传染病和突发原因不明的传染病需要采取本法所称甲类传染病的预防、控制措施的，由国务院卫生行政部门及时报经国务院批准后予以公布、实施。

以本次新型冠状病毒疫情为例，2020 年 1 月 20 日，经国务院批准，国家卫生健康委员会发布 2020 年第 1 号公告，将新型冠状病毒感染的肺炎纳入《传染病防治法》规定的乙类传染病，并采取甲类传染病的预防、控制措施，并将新型冠状病毒感染的肺炎纳入《国境卫生检疫法》规定的检疫传染病管理。

## 三、突发公共卫生事件分级

2006 年，国务院发布《国家突发公共卫生事件应急预案》，根据突发公共卫生事件性质、危害程度、涉及范围划分为特别重大（Ⅰ级）、重大（Ⅱ级）、较大（Ⅲ级）和一般（Ⅳ级）四级。

（1）有下列情形之一的为特别重大突发公共卫生事件（Ⅰ级）：

① 肺鼠疫、肺炭疽在大、中城市发生并有扩散趋势，或肺鼠疫、肺炭疽疫情波及两个以上省份，并有进一步扩散趋势。

② 发生传染性非典型肺炎、人感染高致病性禽流感病例，并有扩散趋势。

③ 涉及多个省份的群体性不明原因疾病，并有扩散趋势。

④ 发生新传染病或我国尚未发现的传染病发生或传入，并有扩散趋势，或发现我国已消灭的传染病重新流行。

⑤ 发生烈性病菌株、毒株、致病因子等丢失事件。

⑥ 周边以及与我国通航的国家和地区发生特大传染病疫情，并出现输入性病例，严重危及我国公共卫生安全的事件。

⑦ 国务院卫生行政部门认定的其他特别重大突发公共卫生事件。

（2）有下列情形之一的为重大突发公共卫生事件（Ⅱ级）：

① 在一个县（市）行政区域内，一个平均潜伏期（6天）内发生5例以上肺鼠疫、肺炭疽病例，或者相关联的疫情波及两个以上的县（市）。

② 发生传染性非典型肺炎、人感染高致病性禽流感疑似病例。

③ 腺鼠疫发生流行，在一个市（地）行政区域内，一个平均潜伏期内多点连续发病20例以上，或流行范围波及两个以上市（地）。

④ 霍乱在一个市（地）行政区域内流行，1周内发病30例以上，或波及两个以上市（地），有扩散趋势。

⑤ 乙类、丙类传染病波及两个以上县（市），1周内发病水平超过前5年同期平均发病水平2倍以上。

⑥ 我国尚未发现的传染病发生或传入，尚未造成扩散。

⑦ 发生群体性不明原因疾病，扩散到县（市）以外的地区。

⑧ 发生重大医源性感染事件。

⑨ 预防接种或群体性预防性服药出现人员死亡。

⑩ 一次食物中毒人数超过100人并出现死亡病例，或出现10例以上死亡病例。

⑪ 一次发生急性职业中毒50人以上，或死亡5人以上。

⑫ 境内外隐匿运输、邮寄烈性生物病原体、生物毒素造成我境内人员感染或死亡的。

⑬ 省级以上人民政府卫生行政部门认定的其他重大突发公共卫生事件。

（3）有下列情形之一的为较大突发公共卫生事件（Ⅲ级）：

① 发生肺鼠疫、肺炭疽病例，一个平均潜伏期内病例数未超过5例，流行范围在一个县（市）行政区域以内。

② 腺鼠疫发生流行，在一个县（市）行政区域内，一个平均潜伏期内连续发病10例以上，或波及两个以上县（市）。

③ 霍乱在一个县（市）行政区域内发生，1周内发病10～29例或波及两个

以上县（市），或市（地）级以上城市的市区首次发生。

④ 一周内在一个县（市）行政区域内，乙、丙类传染病发病水平超过前 5 年同期平均发病水平 1 倍以上。

⑤ 在一个县（市）行政区域内发现群体性不明原因疾病。

⑥ 一次食物中毒人数超过 100 人，或出现死亡病例。

⑦ 预防接种或群体性预防性服药出现群体心因性反应或不良反应。

⑧ 一次发生急性职业中毒 10～49 人，或死亡 4 人以下。

⑨ 市（地）级以上人民政府卫生行政部门认定的其他较大突发公共卫生事件。

(4) 有下列情形之一的为一般突发公共卫生事件（Ⅳ级）：

① 腺鼠疫在一个县（市）行政区域内发生，一个平均潜伏期内病例数未超过 10 例。

② 霍乱在一个县（市）行政区域内发生，1 周内发病 9 例以下。

③ 一次食物中毒人数 30～99 人，未出现死亡病例。

④ 一次发生急性职业中毒 9 人以下，未出现死亡病例。

⑤ 县级以上人民政府卫生行政部门认定的其他一般突发公共卫生事件。

## 思考题

1. 防火三要素是什么？

2. 发生火灾逃生要注意些什么？

3. 电梯的维护保养有哪些规定？

4. 被困电梯中应注意什么？

5. 举办大型群众性活动的承办者，需要注意哪些规定？

## 参考文献

［1］ 孙秀强，吴荣良，等. 基层管理 HSE 法治热点面对面. 上海：上海交通大学出版社，2016.

［2］ 李雅娴. 2014，火势"降温"年. 中国消防，2015（07）：12-14.

［3］ 2015 年全国共扑救火灾 33.9 万起伤亡人数同比下降. 新华网，2016-1-30. http://news. xinhuanet. com/politics/2016-01/30/c_ 128686655. htm.

［4］ 2016 年全国发生火灾 31.2 万起 2014 年全国火灾伤亡人数同比下降. 新华网，2017-1-10. http:// news. xinhuanet. com/2017-01/10/c_ 129440190. htm.

［5］ 中国近年最大的火灾事故. 消防维保网，2015-12-12. http://www. shxf. net/a/201512212393. html.

［6］ 中华人民共和国消防法.

［7］ 中华人民共和国特种设备安全法.

# 第八章　事故与应急

## 第一节　突发事件与应急管理

---

**案例**

### 上海快速处置"9·27"地铁追尾事故

2011年9月27日14时37分,上海地铁10号线发生一起追尾事故。事故共造成295人到医院就诊检查,无人员死亡。事故处置总体有力有序,主要处置经验和做法如下。

(1) 各级领导高度重视,现场指挥、科学决策,为事故处置和后续工作指明方向。事故发生后,迅速成立事故调查组,以严肃态度彻底查明事故原因,并及时公开信息。

(2) 应急准备充分,联动处置迅速高效,最大限度降低事故损失。《上海市处置轨道交通运营事故应急预案》对发生轨道交通运营事故后的处置措施、联动单位、职能分工等都做了明确,各相关部门也都配套制订了相应工作预案,并开展了一系列应急演练。这些预案在事故处置中都得到了有效运用和检验。

(3) 信息发布公开透明,有效掌握舆论主动权。事故发生后,地铁方面第一时间用"上海地铁 shmetro"官方账号发布事故信息和救援进展,同时在微博上诚恳地道歉,得到了广大网友的理解,有效阻断了谣言的滋生蔓延。市政府当天晚上就召开新闻通气会,及时向媒体通报了事故处置和后续情况,掌握了网络舆论的主动权。

(4) 事故调查公正公开,调查结果权威可信。事故调查组与第三方专家调查组,对事故性质、原因和责任进行了认定。所有调查组成员和第三方专家的名单均向社会公开。事故调查组通过现场勘查、取证、专家论证和综合分析,查清了事故经过和原因,严肃慎重地形成了事故调查报告,并按程序向社会公开,得到了公众的认可。

---

随着人类社会经济和科学技术的不断发展,在人们取得了生产力的极大提高、财富日益增长的同时,来自自然抑或人为的灾害事故却向人类的生产、生存

和生活提出了严峻的挑战。安全问题引起了社会、政府及企业的极大关注。

为有效避免事故，减小事故损失，除加大安全投入、构建完善的安全防护体系外，建立及时有效的事故应急救援系统也是事故发生后挽救人员生命、减小事故损失的主要方法。事故应急系统可以增强人们对重大事故和突发灾害的处理能力。一旦重大事故灾害发生，人们可以根据预先制订的应急处理方法和措施，高效、迅速地做出应急反应，尽可能减少事故危害。特别是在安全生产形势严峻、恶性生产事故频发的情况下，建立和健全事故应急管理系统就显得尤为必要。

## 一、突发事件与应急管理概述

根据《突发事件应对法》，突发事件是指突然发生，造成或者可能造成严重社会危害，需要采取应急处置措施予以应对的自然灾害、事故灾难、公共卫生事件和社会安全事件。一般而言，突发事件具有以下三个基本特点。

（1）突发性和紧迫性　突发事件往往是平时积累起来的问题、矛盾、冲突，因长期不能有效解决，在突破一定的临界点时突然迸发。绝大多数突发事件是在人们缺乏充分准备的情况下发生的，使人们的正常生活受到影响，使社会的有序发展受到干扰。

（2）不确定性　突发事件从始至终都处于不断变化的过程之中，人们很难根据经验对其发展做出清晰判断。即便有些自然灾害通过科技手段和经验知识，能够减少某些不确定因素，但是很难确定是哪些不确定因素造成的结果。

（3）危害性　突发事件的危害性来自多个方面：对公众生命构成威胁、对公共财产造成损失、对各种环境产生破坏、对社会秩序造成紊乱和对公众心理造成障碍。在管理实践中，往往需要区分"风险"与"突发事件"的概念，从而区分"风险管理"与"应急管理"。从本质上看，风险是产生损失的可能性，它是抽象的、尚未发生的，是危险要素与脆弱性共同作用的结果。当风险超出一个系统承受能力范围时，这时灾害或灾难就会发生了，一旦发生风险即演化成为突发事件。

应急管理是针对突发事件而言，其英文名称"emergency management"的最初来源是医院，急诊用的就是"emergency"。事实上，"应急"和"急诊"之间确实存在着很大的相似性。对于急诊，人们看到的往往是患者的一种或几种病症的外在表现，比如高烧、抽搐等，而并不清楚究竟是何种原因导致这样的表现或是何种类型的疾病，却需要医生在最短的时间内根据症状表现给出治疗方案。类似地，应急管理也一样可能面对未知来源和内在机理的突发事件进行决策，在第一时间集合可能用得上的资源和人员进行紧急应对。这样的应对风险也很大，很可能像急诊一样，仓促间无法对症下药。其相互关系见图 8-1。

简单地说，应急管理是一个时间轴的过程，从事前、事发，再到事中、事后的一个完整管理过程。以台风来袭为例，事前管理，即台风即将到来，需要事先预警；事发管理，即台风已经吹到城市，启动应急预案；事中管理，即台风过

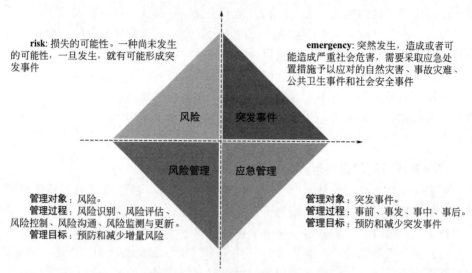

risk: 损失的可能性。一种尚未发生的可能性，一旦发生，就有可能形成突发事件

emergency: 突然发生，造成或者可能造成严重社会危害，需要采取应急处置措施予以应对的自然灾害、事故灾难、公共卫生事件和社会安全事件

风险　　突发事件

风险管理　　应急管理

**管理对象**：风险。
**管理过程**：风险识别、风险评估、风险控制、风险沟通、风险监测与更新。
**管理目标**：预防和减少增量风险

**管理对象**：突发事件。
**管理过程**：事前、事发、事中、事后。
**管理目标**：预防和减少突发事件

图 8-1　风险与突发事件管理的关系对比图

境，会带来断水断电或者其他影响，需要采取相应的处理措施；事后管理，即台风过境后需要考虑如何恢复。

## 二、国际社会的应急管理

加强处置突发事件的应急管理能力是全球当代公共管理共同面对的重大课题之一。发达国家十分重视突发公共事件应急管理的研究，其研究范围覆盖了灾害或危机产生、发展、消亡的整个过程。他山之石，可以攻玉，了解其他国家在突发事件管理方面的做法，有利于我们更好地理解应急管理体系的建设思路。

### 1.美国的应急管理

应急管理一直是美国地方政府应对灾害的一个基本职能。倘若灾害超过了地方政府的应对能力，他们就会请求州政府或联邦政府的援助，这种援助会按照州或联邦的"专项法律"程序进行。在联邦层级，应急管理及其相关机构的发展相对缓慢，当遇到重大灾害时，这种协调也要通过启动专项法律程序而进行。到了20世纪后期，应对灾害的专项法律体系逐渐被联邦-州-地方政府的综合性、整合性应急管理方式所取代，尤其是在"9·11"事件爆发之后，随着各类灾害发生的频次、后果和影响的不断扩大，这个体系的建设与发展发生了质的变化，目前还在不断演变与发展之中。

当前美国逐步建立了相对完善的应急管理组织体系，形成了联邦、州、县、市、社区五层响应层级。联邦应急管理局可直接向总统汇报，形成了总统领导、安全部门处理、地方配合的格局。

2. 日本的应急管理

日本是较早开展城市应急管理研究的国家，一直以来比较重视灾害管理研究和应急管理体制、机制和技术等方面的建设，其研究的水平处于世界前列。

(1) 完善的应急管理法律体系 日本围绕灾害周期而设立法律体系，即基本法、灾害预防和防灾规划相关法、灾害应急法、灾后重建与恢复法、灾害管理组织法五个部分，使日本在应对自然灾害突发事件时有法可依。

(2) 明确的巨灾应急决策制度 日本政府采用中央-都（道府县)-市（町村）三级灾害管理体制，各层级平时定期召开防灾会议，制订防灾计划并贯彻执行。

(3) 良好的应急教育和防火演练 日本政府和国民极为重视应急教育工作，从小学到高中12年里，大概要接受30多次防灾训练，而不仅是灌输理论。日本将每年的9月1日定为"灾害管理日"，8月30日～9月5日定为"灾害管理周"。同时，在各个城市之中设立应急体验中心，供学生及市民免费参观与互动演练，通过各种方式进行防灾宣传活动；政府和相关灾害管理组织机构协同进行全国范围内的大规模灾害演练，检验决策人员和组织的应急能力，使公众能训练有素地应对各类突发事件。

(4) 完善的巨灾风险管理体系 日本建立了由政府主导和财政支持的巨灾风险管理体系，政府为地震保险提供后备金和政府再保险。巨灾保险制度在应急管理中起到了重要作用，为灾民正常的生产生活和灾后恢复重建提供了保障。

(5) 严密的灾害救援体系 日本已逐渐形成一套由消防、警察、自卫队和医疗机构组成的较为完善的灾害救援体系。一是建立广域（跨地区）救灾协作机制；二是建立消防应急救援出动机制；三是建立警察应急救援机制；四是建立自卫队应急救援出动机制。

3. 我国的应急管理体系

2018年3月，根据第十三届全国人民代表大会第一次会议批准的国务院机构改革方案，应急管理部设立。应急管理部负责组织编制国家应急总体预案和规划，指导各地区各部门应对突发事件工作，推动应急预案体系建设和预案演练。建立灾情报告系统并统一发布灾情，统筹应急力量建设和物资储备并在救灾时统一调度，组织灾害救助体系建设，指导安全生产类、自然灾害类应急救援，承担国家应对特别重大灾害指挥部工作。指导火灾、水旱灾害、地质灾害等防治。

在借鉴国外发达国家应急实践的基础上，我国也逐步形成了具有中国特色的应急管理体系，主要由基本管理框架与基本能力框架组成。其中，应急预案、应急体制、应急机制、应急法制（"一案三制"）构成了我国应急管理体系的基本管理框架，而应急资源则构成了我国应急管理体系的基本能力框架。

(1) 应急法制 2007年11月1日，《突发事件应对法》施行，这是我国应急管理领域综合性最强、最重要的一部法律，标志着我国应急管理纳入法制化轨道。

（2）应急体制　我国目前已经建立了统一领导、综合协调、分类管理、分级负责、属地管理为主的应急管理体制。目前，我国的响应层级分为五个层级：国务院；省、自治区、直辖市；设区的市、自治州人民政府；县、自治县、不设区的市、市辖区；乡、民族乡、镇。

（3）应急机制　经过几年的建设，我国已初步形成了统一指挥、反应灵敏、功能齐全、协调有力、运转高效的应急机制，建立了应急监测预警机制、信息沟通机制、应急决策和协调机制、分级负责与响应机制、社会动员机制、应急资源配置与征用机制、奖惩机制、社会治安综合治理机制、城乡社区管理机制、政府与公众联动机制、国际协调机制等应急机制。

（4）应急预案　2006年国务院发布《国家突发公共事件总体应急预案》，标志着中国应急预案框架体系初步形成。我国突发公共事件应急预案体系由总体应急预案、专项应急预案、部门应急预案、地方应急预案、企事业单位应急预案、重大活动应急预案六大类构成，覆盖自然灾害、事故灾难、公共卫生、社会治安事件。

2013年，《生产经营单位生产安全事故应急预案编制导则》（GB/T 29639—2013）发布并实施。该标准规定了生产企业应急预案的编制程序、体系构成和综合应急预案、专项应急预案、现场处置方案以及附件。

（5）应急资源　它是指能够保证突发事件的预防与预警、响应处置、灾后恢复和灾民生活顺利进行的硬件支撑，主要包括应急队伍、应急物资、应急装备、应急工程等可以直接为突发事件预警和应急处置提供物质支持的要素。近几年来，我国建成了以公安、消防、武警等骨干应急队伍，以防汛抗旱、抗震救灾等专业应急队伍为主体的应急队伍；规划建设了中央级救灾物资储备库，同时各省、自治区、直辖市本级和大部分市县建立了储备库点，基本覆盖了全国所有多灾易灾地区；应急装备的研发能力不断提高，应急队伍的装备水平不断提高；国家在防汛抗旱、防震抗灾、防风防潮、防沙治沙、生态建设等减灾重点工程设施方面做出了巨大投入，已形成了规模化的自然灾害防护工程体系。

2020年初的抗击新型冠状病毒肺炎疫情过程中，各地应急物资的调用、各援鄂医疗队的专业支持、方舱医院工程建设等，都是我国响应突发事件应急资源调用的直接体现，是抗疫工作的最有力保证。

# 第二节　宏观视角下的事故与应急

事故事件的分类方式与角度非常多，不同类型的事故事件，其危害情形和后果不同，政府和社会的应对措施也会因此而不同。而国家层面宏观应急往往是和国家行政体制相匹配，具体的分类也是国家应急管理体制的基础。"统一领导，综合协调，分类管理，分级负责，属地管理为主"是中国应对突发事件管理体系，而分类管理，也是政府及其各个有关部门履行职责、行使职权的重要依据。

## 一、突发事件的应急体系

国家的突发事件分为四类（自然灾害、事故灾难、公共卫生事件和社会安全事件）、四级（特别重大、重大、较大和一般）和五层（总体应急预案、专项应急预案、部门应急预案、地方应急预案、企事业单位应急预案）。

### 1.突发事件的分类

我国制定了《突发事件应对法》和《国家突发公共事件总体应急预案》，将突发事件定义为：突然发生，造成或者可能造成严重社会危害，需要采取应急处置措施予以应对的自然灾害、事故灾难、公共卫生事件和社会安全事件。我国突发事件的类型及示例见表 8-1。

表 8-1 我国突发事件的类型及示例

| 类型 | 示例 |
| --- | --- |
| 自然灾害 | 水旱灾害、气象灾害、地震灾害、地质灾害、海洋灾害、生物灾害和森林草原火灾等 |
| 事故灾难 | 工矿商贸等企业的各类安全事故、交通运输事故、公共设施和设备事故、环境污染和生态破坏事件等 |
| 公共卫生事件 | 传染病疫情，群体性不明原因疾病，食品安全和职业危害，动物疫情，以及其他严重影响公众健康和生命安全的事件 |
| 社会安全事件 | 群体性事件、恐怖袭击事件、经济安全事件和涉外突发事件等 |

### 2.突发事件的分级

根据突发事件的不同类型及其严重度、可控性和影响范围等情况，《突发事件应对法》将突发事件分为特别重大、重大、较大和一般四个级别。同时，对应各类突发事件可能的危害后果、紧急程度和发展趋势，预警级别也划分成四个等级，并依次用不同的颜色区分，见表 8-2。

表 8-2 我国突发事件的等级与预警分级

| 突发事件等级 | 预警级别 | 预警颜色 |
| --- | --- | --- |
| Ⅰ级（特别重大） | Ⅰ级（特别重大） | 红 |
| Ⅱ级（重大） | Ⅱ级（重大） | 橙 |
| Ⅲ级（较大） | Ⅲ级（较大） | 黄 |
| Ⅳ级（一般） | Ⅳ级（一般） | 蓝 |

预警信息包括：突发事件的类别，预警级别，起始时间，可能影响的范围，警示事项，应采取的措施，发布机关等。

### 3.突发事件的应急预案体系

在我国突发事件应急预案体系（图 8-2）中，国务院负责制订国家突发事件总体应急预案，组织制订国家突发事件专项应急预案。有关部门根据各自的职责和国务院相关应急预案，制订该部门为应对某一类型或某几种类型突发公共事件而制订的应急预案。地方各级人民政府和县级以上地方各级人民政府有关部门，根据有关法律、法规、规章、上级人民政府及其有关部门的应急预案以及本地区的实际情况，制订相应的突发事件应急预案。企事业单位根据有关法律法规制订企事业单位应急预案。

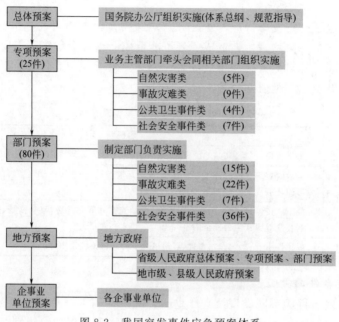

图 8-2　我国突发事件应急预案体系

## 二、事故报告与调查

1. 事故等级

《生产安全事故报告和调查处理条例》（国务院令第 493 号）规定，根据生产安全事故（以下简称事故）造成的人员伤亡或者直接经济损失，事故一般分为以下等级。

（1）特别重大事故，是指造成 30 人以上死亡，或者 100 人以上重伤（包括急性工业中毒，下同），或者 1 亿元以上直接经济损失的事故。

（2）重大事故，是指造成 10 人以上 30 人以下死亡，或者 50 人以上 100 人以下重伤，或者 5000 万元以上 1 亿元以下直接经济损失的事故。

（3）较大事故，是指造成 3 人以上 10 人以下死亡，或者 10 人以上 50 人以下重伤，或者 1000 万元以上 5000 万元以下直接经济损失的事故。

（4）一般事故，是指造成 3 人以下死亡，或者 10 人以下重伤，或者 1000 万元以下直接经济损失的事故。

注意：上述所称的"以上"包括本数，所称的"以下"不包本数。

2. 事故报告

《生产安全事故报告和调查处理条例》对事故报告做出了具体规定，要点如下。

（1）事故报告应当及时、准确、完整，任何单位和个人对事故不得迟报、漏报、谎报或者瞒报。为制止和打击事故瞒报、谎报等情形，《刑法》专门有不报或瞒报安全生产事故罪。

（2）事故发生后，事故现场有关人员应当立即向本单位负责人报告；单位负责人接到报告后，应当于1小时内向事故发生地县级以上人民政府安全生产监督管理部门和负有安全生产监督管理职责的有关部门报告。情况紧急时，事故现场有关人员可以直接向事故发生地县级以上人民政府安全生产监督管理部门和负有安全生产监督管理职责的有关部门报告。

（3）安全生产监督管理部门和负有安全生产监督管理职责的有关部门接到事故报告后，应当依照下列规定上报事故情况，并通知公安机关、劳动保障行政部门、工会和人民检察院：

① 特别重大事故、重大事故逐级上报至国务院安全生产监督管理部门和负有安全生产监督管理职责的有关部门。

② 较大事故逐级上报至省、自治区、直辖市人民政府安全生产监督管理部门和负有安全生产监督管理职责的有关部门。

③ 一般事故上报至设区的市级人民政府安全生产监督管理部门和负有安全生产监督管理职责的有关部门。

④ 安全生产监督管理部门和负有安全生产监督管理职责的有关部门依照规定上报事故情况，应当同时报告本级人民政府。国务院安全生产监督管理部门和负有安全生产监督管理职责的有关部门以及省级人民政府接到发生特别重大事故、重大事故的报告后，应当立即报告国务院。必要时，安全生产监督管理部门和负有安全生产监督管理职责的有关部门可以越级上报事故情况。

（4）安全生产监督管理部门和负有安全生产监督管理职责的有关部门逐级上报事故情况，每级上报的时间不得超过2小时。

（5）报告事故应当包括下列内容：事故发生单位概况；事故发生的时间、地点以及事故现场情况；事故的简要经过；事故已经造成或者可能造成的伤亡人数（包括下落不明的人数）和初步估计的直接经济损失；已经采取的措施；其他应当报告的情况。

（6）事故报告后出现新情况的，应当及时补报。自事故发生之日起30日内，事故造成的伤亡人数发生变化的，应当及时补报。道路交通事故、火灾事故自发生之日起7日内，事故造成的伤亡人数发生变化的，应当及时补报。

### 3. 事故调查与处理

《生产安全事故报告和调查处理条例》规定，特别重大事故由国务院或者国务院授权有关部门组织事故调查组进行调查。重大事故、较大事故、一般事故分别由事故发生地省级人民政府、设区的市级人民政府、县级人民政府负责调查。省级人民政府、设区的市级人民政府、县级人民政府可以直接组织事故调查组进行调查，也可以授权或者委托有关部门组织事故调查组进行调查。未造成人员伤亡的一般事故，县级人民政府也可以委托事故发生单位组织事故调查组进行调查。

事故调查报告应当包括下列内容：事故发生单位概况；事故发生经过和事故救援情况；事故造成的人员伤亡和直接经济损失；事故发生的原因和事故性质；事故责任的认定以及对事故责任者的处理建议；事故防范和整改措施。事故调查报告应当附有关证据材料。

《生产安全事故报告和调查处理条例》规定，重大事故、较大事故、一般事故，负责事故调查的人民政府应当自收到事故调查报告之日起15日内做出批复；特别重大事故，30日内做出批复，特殊情况下，批复时间可以适当延长，但延长的时间最长不超过30日。有关机关应当按照人民政府的批复，依照法律、行政法规规定的权限和程序，对事故发生单位和有关人员进行行政处罚，对负有事故责任的国家工作人员进行处分。事故发生单位应当按照负责事故调查的人民政府的批复，对本单位负有事故责任的人员进行处理。负有事故责任的人员涉嫌犯罪的，依法追究刑事责任。

《安全生产法》对发生生产安全事故的处罚做了明确的规定，对负有责任的生产经营单位除要求其依法承担相应的赔偿等责任外（触犯《刑法》的，依法追究刑事责任），由安全生产监督管理部门依照规定处以罚款。生产经营单位的主要负责人未履行《安全生产法》规定的安全生产管理职责，导致发生生产安全事故的，由安全生产监督管理部门依照规定处以上一年年收入30%～80%的罚款。

# 第三节　企业的应急

从风险管理角度，工厂内部与工厂外部因所发生的活动种类和场所不同，因而也隐含着不同的风险，比如厂内的风险主要源自生产装置在正常运转过程中可能发生的紧急事件，如管线泄漏、火灾爆炸、高处坠落、受限空间作业等。这些活动因为主要发生在工厂内部，因此所产生的危害往往也被控制在工厂范围内，但并非对周界环境不会产生影响。比如2015年8月12日天津瑞海仓库厂区内的爆炸事故，就波及了几公里范围外的居民区，产生了不可估量的影响。

而工厂外部的紧急事件主要是针对运输环节，甚至是客户使用端。比如负责运输化学品的车辆，这些车辆一直处于运动过程中，虽然其所装载的货物量要远远小于工厂内所使用的货物量，但是一旦车上货物发生泄漏或者火灾等事故，极易对周边车辆、人群或公共设施造成伤害，其危害同样是不可忽视的。

本部分主要从生产性企业的厂内和厂外两个角度简要阐述企业层面的应急管理，对常见的事故种类及应急处置方案进行介绍。对于以科研为主的研发中心和高校中主要涉及的实验室层面应急管理措施，在第九章会做详细介绍。

## 一、厂内安全事故与应急

如何开展应急管理？如何知道要做哪些情况的应急？如何知道需要具备什么样的应急能力？这就需要我们来做事故风险和应急能力评估。对于企业厂区内的事故，我们可用九步法来评估。

（1）识别和了解厂内危险物料。列出危险物料，以及它们的数量、容器类型、位置；了解这些物料危害（例如毒性、易燃性）；了解这些物料如何被感知到释放。了解化学品或者物料的物理化学特性时，还要问以下几个如何应急方面的问题。

① 它们会上升还是依附在地面，还是两者都有？

② 它们会形成可见的烟雾吗？

③ 它们会由于比空气密度大或温度的影响而滞留在低洼的区域吗？

④ 它们会形成液池吗？

⑤ 在泄漏的过程中会伴随粉尘、烟气或其他物质等的释放吗？

⑥ 它们会立即被点燃或爆炸吗？

⑦ 它们会延迟点燃或爆炸吗？

（2）识别厂内主要活动的潜在风险。如生产环节、储存环节等是否会有泄漏、释放、火灾？工艺设备是否存在控制失效、泄漏、火灾、爆炸的可能性？在运输过程中是否会发生车辆事故、拉拽、泄漏、火灾、燃油泄漏？在工厂建设和维修过程中发生的行车或移动式设备事故是否会影响到工艺过程？

（3）了解危险物料如何在这些场景中释放出来。释放时是液态还是气态或气液两相？是否带有压力？高度多少？从远处是否容易侦测到？是否带有声响？物料迁移的速度快吗？考虑风速和地形后，可能的流速或数量是多少？按泄漏量将泄漏的后果分成轻微、少量、中等、大量、灾难性。

（4）了解危害如何传播的

① 空气中的化学品烟羽？

② 地表的液体泄漏？

③ 通过地下通道（排水沟、隧道、管道）？

④ 通过对水体的污染？

⑤ 通过对地下水的污染？

⑥ 辐射热？

⑦ 爆炸/爆轰的压力波？

⑧ 飞扬的碎屑？

（5）估计危害能传播多远。是否在操作单元内（未影响全厂区）？是否在现场围墙以内？超出厂界？影响到邻近的其他单位？

（6）识别工厂外潜在受影响的单位

① 邻近的工厂；

② 商业机构；

③ 居民区；

④ 重点单位，如学校、医院、公众聚集点等；

⑤ 运输线；

⑥ 环境系统（地表水、土地等）。

（7）识别其他类型事故或可能发生的特殊情况。医疗应急。人员保持在现场的特殊需求。社区的成员中是否包括家庭、儿童？自然灾害，区域是否易出现台风、地震、洪水。丧失公共设施。

（8）了解邻近的情况。如有可能，与周边单位交换应急信息。同样要识别出其主要的活动和问题，以及会影响自己的情况。了解这些化学品会怎样泄漏出来，哪些危害会传播过来，有哪些警报系统可通知到自己。

（9）了解周边的交通路线。周边会有哪些公共道路、铁路线路、机场航线会受到影响？周边的管道会带来哪些危险？

对这些事故风险，企业需要对监测与预警，物料的隔离处置，泄漏物的二次容器，水喷淋、灭火系统、通风系统等消减系统，应急队伍人员能力、装备，应急物资等进行应急能力评估，完善保障措施。

## 二、厂外安全事故与应急

**案例**

### 晋济高速"3·1"特别重大危险化学品燃爆事故

2014年3月1日，岩后隧道发生塞车，慢车道由于煤炭运输车很多发生了堵塞，一辆运送甲醇的车辆准备从快车道超车，结果被堵在了隧道入口处，距离隧道口很近。此时，另外一辆山西铰接列车也想超车，快速驶入快车道，而在进入隧道口时进行变道，视觉上的暗适应未过，没看清前面塞车，待司机发现后再刹车已经来不及了，于是就撞上了前面的甲醇罐车，造成甲醇车辆的底阀发生断裂，引发甲醇泄漏。

事故发生后双方驾驶员并没有采取应急措施，双方在下车商议之后决定将车辆移动至隧道一侧以便事故处理。结果，车辆启动时产生的火花点燃了泄漏的甲醇，造成两车在隧道口开始燃烧。由于隧道头是斜坡，火势顺着烟囱一样的隧道往上走（烟囱效应），从隧道口一直烧到隧道另一出口。整个700多米的隧道里，连续烧毁31辆的运煤车，造成40人死亡，12人受伤，直接经济损失8197万元。

### 1. 厂外事故风险和应急能力评估

评估时需要考虑的因素有以下几个。

（1）识别如果在社区和环境中发生潜在事故的影响，了解事故的潜在后果。

（2）评估内、外部响应的能力，包括提供每项安全可用资源，如需要更新评估。考虑可用资源来设定和更新应急响应的策略。

（3）应急报告系统。

（4）应急支持团队：产品技术专家、设备专家、医疗、应急处置队伍、危机管理的联络。

（5）应急响应设备。

### 2. 危险货物道路运输环节

危险货物离开厂区最主要的一种形式，就是道路运输，通过道路运输，把化学品货物运送到相应的地方。道路运输目前在所有运输方式如空运、内河运输等方式中占比约80%，是最普遍的一种运输方式，而95%以上的化学品又都涉及异地运输。

运输环节发生事故的原因有很多，比如管理不到位、车辆维修不充分、疲劳驾驶、雨雪天气等，我们经常会通过各种途径看到或者了解到危险化学品发生泄漏、翻车或者造成了一定的环境影响。每年我国从事危险品运输的公司有1万多家，运输车辆有30多万辆，驾驶员和押运员分别达到55万人、7万人，这是一个很庞大的群体，这些车辆每天都承载着危险品在道路上行驶。目前市场上有很多运输公司存在管理不善的情况，没有完善的安全管理体系，对于事故缺乏最基本的应急能力，一旦事故发生就可能导致很严重的后果。

### 3. 危险货物包装形式

危险货物的包装有多种形式，比如铁桶、塑料桶、槽罐车、中型散装容器、纸箱等，而根据货物的危险性其包装又可以分为三类，分别为Ⅰ类、Ⅱ类和Ⅲ类包装。在装载、运输过程中这些包装可能会出现磨损、腐蚀或碰擦等情况，在长时间的运输后很容易发生泄漏。

## 三、企业生产安全事故应急预案

### 1. 企业应急预案的分类

在对事故风险和应急能力评估的基础上，企业需要编制应急预案。应急预案的体系由综合应急预案、专项应急预案和现场处置方案组成。

综合应急预案是企业应急预案体系的总纲，需要阐述企业应急工作的原则、应急组织机构与职责、预案体系、事故风险描述、预警与信息报告、应急响应、保障措施、应急预案管理等内容。

专项应急预案是企业应对某一种或几种类型事故，或者针对重要的生产设施、重大危险源、重大活动等内容制订的预案，阐述事故风险、应急指挥机构及职责、处置程序和措施等内容。

现场处置方案就更加具体，企业针对不同事故类别，对具体的场所、装置或设施的应急处置措施。处置方案可参考应急处理指南（emergency response guidebooks，ERG）、危险货物运输应急救援指南等相关资料。

编制好应急预案后，需要对预案进行动态的管理。从宣传、培训与教育入手，落实应急响应体制和机制，落实应急资源、启动响应等方面确保应急预案的实施；定期进行演练，用桌面演习、单项演练、综合演练等方式对应急预案进行演练评估。发现不足和条件发生改变时，需要对应急预案进行不断的修订完善。

2. 应急处置的方式

通常情况下，一次完整的应急处置包括以下几点：先期处置；快速评估；决策指挥系统；协调联动；信息发布。

（1）先期处置　事故发生后，首先必须在现场进行统一指挥，并根据事态的性质决定处置方案，通常在事故发生先期的情况下，应急处置人员对现场的很多情况无法获取全面信息，也无法预知会发生什么样的后果，因此需要根据经验，把现场的基本情况统一起来进行分析，同时边处置边报告。

以上述隧道火灾事件为例，先期处置应该是两个司机和押运员一旦发现甲醇泄漏，马上进行应急处置，如把周围人疏散，断绝控制所有的火源等，这是最基本的情况，然后马上边处置边报告等。通常处于第一现场的人员即被认定为现场指挥员，而非等待更高层级的管理人员抵达现场再做决定，这样现场处置人员可以及时地对事故灾情进行判定，从而在第一时间采取有效的应急措施。

（2）快速评估　首先要评估的是事故可能带来哪些损失，事故将产生多大影响。作为领导，通常要面临很多决策，这时候就需要收集很多信息，并基于这些信息进行判断决策。但是，很多情况下因为现场情况的多样性和复杂性，很难收集到完整的信息，这时候就需要根据这些有限的信息来进行相应的决策。

举例，2010 年 4 月 14 日，青海玉树发生 7.1 级地震，当地政府第一时间向国务院进行汇报，应急汇报组织 24 小时内必须报到国务院。根据初步的信息及判断，震源离城市比较远，且震感不强，说明启动应急预案三级就足够了。但是，国务院之后重新进行了判断，根据监测的数据，震源深度很浅，通过查阅地图发现震中距离玉树古镇很近，而且可能人员较为密集。基于这些判断，特别是借鉴了"5·12"汶川大地震的应急处置经验,国务院启动了国家一级预案。事后证明所启动的应急预案与实际发生的震级是完全吻合的,这就是一个应急预案的快速而慎重评估的结果。如果当时启动三级预案,等实际处置时发现物资、人员、设备达不到处置要求的能力,然后再重新启动更高级别预案,其花费的时间和周期影响会非常大。

但是并非应急预案设定的级别越高越好,过度的反应则会带来社会资源的巨大浪费。比如某地市政府收到了一个百年一遇的台风警报,根据以往经验,一旦下暴雨将会对城市排水系统带来巨大的压力,所以他们当时非常紧张。在接到台风警报以后,整个市启动了最高级别的应急响应预案,所有的应急救援人员、消防泵站全部 24 小时待命。结果台风并未按预期的路径抵达,而是擦边而过,全市机关学校放假一天。所以,过度反应会造成大批量物质的浪费。

(3)决策指挥系统 应急首先必须是以安全为前提才能开展,每个人也是一样的,必须首先把这个理念、想法树立在前,确保自身安全,否则就失去了应急本身的意义,反而会导致应急人员的伤害。

(4)协调联动 在应急指挥系统中有多个不同的角色确保应急的安全顺利开展。各企业都有适配于自身组织架构的应急指挥架构。以图 8-3 应急指挥官系统为例,总指挥总体协调负责应急工作,分配任务与资源;安全官主要是保证所有人员安全执行任务,确保所有的应急人员能够安全地执行任务;联络官负责将准确的信息对外发布,避免公众对事故的误读,并引发恐慌;执行官负责进行具体的应急处置;安保官负责对区域的警戒,防止无关人员进入事故区域;后勤官负责提供资金、设备、供应商等后勤保障。

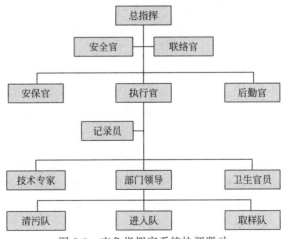

图 8-3　应急指挥官系统协调联动

在应急救援过程中,通常会涉及多个不同部门之间的横向联系:首先是每个部门自己做决定,然后进行信息共享,对其他部门所获取的信息进行分析并讨论，以期寻求共识，最后由上级部门确定联动方案。

（5）信息发布　任何一个事故发生后，公民是有知情权、参与权、建议权、表达权和监督权的，有权利知晓发生了什么情况。同时，政府有义务公开这些信息。如果发生突发事件，这些突发事件往往会对人身造成伤害和影响，所以政府有义务向公民公告。

## 四、企业环境事故应急管理

除安全事故以外，企业同样需要针对突发环境事故进行应急管理，制定对应的应急预案。随着社会的发展以及政府和民众环保意识的逐步提升，环境突发事件的管理要求也日趋严格。2014年12月，国务院办公厅更新印发《国家突发环境事件应急预案》。2015年1月，环境保护部印发《企业事业单位突发环境事件应急预案备案管理办法（试行）》，细化了企事业单位环境应急预案的编制及备案要求。

1. 环境应急预案的编写

与安全事故应急预案类似，企业编写环境事故应急预案首先应该对已经识别的风险类型和危险因素进行定量和定性的分析，分析出事故源中存在的最可能发生的事故问题和其发生的概率。然后，通过计算分析，即计算最大可信的事故源，分析有毒有害物质的危害和性质，其在环境中分解的途径，预测出事故可能的危害程度和范围。最后，明确降低环境风险的具体措施。对次生或伴生的污染物必须要提出降低和防止二次污染的应对措施。

2. 厂内环境事故应急响应措施

厂内发生突发环境污染事故后，应立即启动应急预案，并实施以下措施：

（1）切断污染源或泄漏源，关闭排水系统闸门以避免事故扩大；

（2）告知周边企业、影响范围内的环境敏感区域及地方政府，必要时疏散下风向区域；

（3）利用应急池等已建成的环境应急设施收集污染物，降低和防止二次污染。

3. 厂外环境事故应急响应措施

在化学品运输过程中，一旦发生泄漏事件，极有可能造成环境污染事故。事故发生后第一时间参与处置的人员有限，无法像厂内一样获取足够的人力及设备设施支持。因此，及时的事故汇报和防止事故扩大显得尤为重要。

（1）切断污染源或泄漏源；

（2）迅速向管理人员和当地政府报告事故情况；

（3）利用工具和地形收集泄漏化学品，避免事故和影响范围扩大；

（4）配合外部救援队伍应急处理。

# 第四节　应急知识与素养

## 一、学校应急基础

学校是有计划、有组织进行系统的教育活动的组织机构。从内部氛围上讲，学校是一个独立的小社会；从使用性质上讲，学校是一个人群密集的场所；从应急角度上讲，学校人口构成中占绝大多数的学生群体，具有年轻化的特点，学校突发事件有时段性、情绪性、脆弱性、连带性、责任限定性的自身突出特点。

从学校自身着手，学校应具备一定的突发事件应对能力，以处理一些突发事件，并做好防灾减灾工作，通过一定的准备将突发事件的影响及损失降到最低，并积极高效地进行灾后的重建工作，争取在最短的时间内恢复学校的正常教学活动及生活；并且学校应把应急知识教育纳入教学内容，对学生进行应急知识教育，培养学生的安全意识和自救与互救能力，推进应急知识进学校、进教材、进课堂，把公共安全教育贯穿于学校教育的各个环节。

1. 预防与应急准备——事前预防

学校应根据所在地区可能发生的突发事件类型，制订有针对性且实用的突发事件应急预案，以保证学生、职工和访客的安全，并通过培训和演练提高学生和职工对突发事件的报告、应对和疏散能力。

2. 检测与预警——事发应对

所有人员都应熟悉校内的消防设施和消防报警系统，并经常练习其使用。要建立完善预警信息通报与发布制度，充分利用广播、电视、手机短信息、电话等各种媒体和手段，及时发布预警信息。

3. 应急处置与救援——事中处置

一旦发生突发事件，应立即启动应急预案，组成应急指挥小组，内部施行初期的自救与互救，并联系公安、消防、救护车等外部应急救援组织，做好与外界的信息沟通，必要时建立协调中心和接待中心，分别处置受影响的职工和学生，接待家长及关注学校情况的人群，这两个中心地点保持一定的距离，避免互扰；处置过程中，不仅需要保证人员的人身安全，也需记录涉及人员的事件情况，以便及时进行心理干预，将创伤最小化。

4. 事后恢复与重建——善后恢复

实施恢复程序，建立灾后恢复与重建项目，帮助受影响的人员，加速学校日常生活的回归。除了学校建筑设施的重建，人员身体的治疗康复，还包括人员心理创伤的恢复。善后恢复的过程中，应加强与外界及媒体的沟通，学校作为高度关注的对象之一，应注意信息的公开。

## 二、社区应急基础

社区是指聚居在一定区域范围内的人们所组成的社会共同体，包括一定数量的人口、一定范围的地域、一定规模的设施、一定特征的文化、一定类型的组织。目前，我国社区突发事件应对以政府为主导，虽然有部分的基层社区、非政府组织、企事业单位、国际机构、媒体和公民个人等各种各样的社会力量积极提供帮助，但社区居民目前仍缺乏居安思危意识，社区应急管理文化大面积缺失，将社区防灾减灾思想观念由被动防守向主动作为转变显得尤为重要。

中国做了大量努力，积极探索建立"政府主导、社会参与、优势互补、协同配合"的公共安全治理体系，不断提升公共安全治理的水平。

1. 预防与应急准备——事前预防

目前城市基层社区的应急保障物资储备量普遍偏少，一些普通社区基本上没有应急物资，一些示范社区的应急物资储备也不足以应对突发性事件。每年5月12日为全国防灾减灾日，社区可积极开展公共安全知识及应急使用技能培训，普及预防、避险、自救、互救、减灾等应急防护科学知识，增强公民的公共安全意识和社会责任意识，提高应对灾害的综合素质，增强公民的参与性。

2. 检测与预警——事发应对

2015年国家预警信息发布中心正式运行，国家预警信息发布中心建立了国家、省、市、县四级相互衔接、规范统一、多部门接入的综合预警信息发布业务，具备了对自然灾害、事故灾难、公共卫生事件、社会安全事件四大类突发事件预警信息的接收、处理和及时发布能力。确保有关部门和社会公众能够及时获取预警信息，最大限度地保障人民群众生命财产安全。预警解除后，发布预警信息的部门应宣布警报解除，宣布终止预警期，解除已启动的应急预案或应急措施，立即恢复当地正常的生活和生产秩序。

3. 应急处置与救援——事中处置

当突发事件发生后，在政府组织的救援队伍到达前，由于社区掌握更加准确的救援信息，社区可以进行先期处置，迅速汇集并传递信息，第一时间组织动员本辖区居民进行自救互救、社会疏导，控制事态的发展蔓延，使生命和财产损失减少到最小。社区是应急管理的前沿阵地，社区居民可以成为应急管理和救援的第一响应人，成为自救互救的一支辅助军，而不能仅仅作为突发事件的当事人或被救助对象。

4.事后恢复与重建——善后恢复

毋庸置疑，妥善安置住房、优先恢复基础设施、加快恢复生产是灾后恢复重建的当务之急。我国政府在 2008 年"汶川地震"之后启动了"对口支援"，为灾后的可持续恢复提供了新的实践模式，极大地加快了基础设施的恢复。但国内专门从事灾难心理学、危机干预的科研工作者较少，专业的实践工作者较少，受过专业训练、能在灾难现场进行专业心理干预的实践者更少，虽然在灾难发生后 10 天之内心理干预就被提出、实施，但随之而来的问题是专业队伍、科学研究尚无法跟上，心理干预没有跟上步伐，这不得不引发我们对灾后心理干预机制的思考。

2020 年我国取得抗击新型冠状病毒肺炎疫情阶段性胜利后，社会各界都面临复产复工的挑战。为尽可能减少疫情复发及复工后可能出现的交叉传染，各企事业单位就以下方面做出了防控措施：

（1）人员信息统计上报，确保人员轨迹和接触情况可追踪可追溯；

（2）勤通风，多开窗，保证室内通风换气并保持整洁卫生；

（3）人员在上、下班过程中佩戴口罩等个体防护用品，避免密切接触；

（4）公共区域消毒；

（5）人员体温检测。

## 三、个人应急知识与素养

个人的应急知识，主要指应急意识、基本应急知识技能。应急意识是一种居安思危的忧患意识，必须保持高度警惕性和防范性。基本应急的知识技能，是公众抵御灾难的能力，充足的应急知识储备是保证良好的应急心理的基础，而应急处理能力的获得和提高需要适时进行突发事件应对情景训练；是否存储适当的应急物资；是否熟知避难场所；突发事件发生时，如何和家人沟通等。

个人应急知识与素养还需要认知自身局限性。我们每个人所有的 5 种感官都能用于侦测危害？当然不是，95％的危害可以通过视觉或听觉感知到，而不要依赖味觉和触觉来识别危害——这本身就会导致危害。视觉会受到你的视力和周边环境的限制，如明、暗环境的切换，标识符号的大小，照度，视力等方面的影响。环境噪声会混合在一起，使得听觉难于发觉危害，当你注意任何一种声音，你就会限制其他进入感官的信息。大多数人能识别 15～32 种一般的气味，受过培训的人能识别近 60 种气味，气味阈值不等同于安全接触限值，而且有很多气体高浓度甚至会麻痹嗅觉神经。在遇到紧急情况时，不能单单依靠自己的感官来判断风险，在有风险的地方如果你听到液体泄漏，如果你看到冷蒸气，如果你有一般不舒服的症状，如果你的同事无意识倒下，考虑相关风险，远离危险地带，执行适当程序。记住：尽量避免任何无计划性的营救。

　　个人应急素养的养成，则依赖于公民所接受的法律规范教育，体现为公民的行为准则及法规意识，在发现、获取、利用、评价、加工和传播应急信息过程中，必须遵守一定的道德和法律规范，不得加剧事态恶化、危害社会或侵犯他人合法权益。电视、电台、网络等媒体已成为公众获取信息的主要途径，对信息的处置，我们应该慎重，非官方认证的信息，未经证实的民众的推测，不可盲目转载传播。

 **思考题**

1. 我国突发事件的等级与预警分级是怎样的？
2. 我国生产安全事故如何分级？
3. 我国法律法规对事故报告和调查有哪些规定？
4. 企业生产安全事故应急预案有哪几类？如何制订应急预案？
5. 疫情下的企业的应急措施有哪些？

**参考文献**

［1］　中华人民共和国突发事件应对法.
［2］　生产安全事故报告和调查处理条例.
［3］　闪淳昌,薛澜. 应急管理概论——理论与实践. 北京：高等教育出版社， 2012.
［4］　王宏伟. 重大突发事件应急机制研究. 北京：中国人民大学出版社， 2010.
［5］　李春祥. 中国应急管理体系建设研究. 河南商业高等专科学校学报， 2012（3）.
［6］　孙秀强,吴荣良,等，基层管理 HSE 法治热点面对面. 上海：上海交通大学出版社， 2016.
［7］　高小平,彭涛. 学校应急管理：特定、机制和策略. 中国行政管理， 2011（9）.
［8］　快速处置 2011 年"9·27"地铁 10 号线追尾事故. 上海应急， 2014-3-26. http://www. shang-hai. gov. cn/shanghai/node2314/node2319/n31973/n32033/u21ai858422. shtml.

# 第九章 实验室安全

**案例**

## 实验室安全事故

北京交通大学实验室爆炸事故——2018年12月26日上午9点30分左右，北京交通大学东校区环境工程实验室内在进行垃圾渗滤液污水处理科研实验时，发生爆炸并引发火灾。虽然在事故发生后，火情迅速得到了控制，但是3名参与实验的研究生在事故中不幸遇难。

调查报告确认事故的直接原因为：在使用搅拌机对镁粉和磷酸搅拌、反应过程中，料斗内产生的氢气被搅拌机转轴处金属摩擦、碰撞产生的火花点燃爆炸，继而引发镁粉粉尘云爆炸。爆炸引发周边镁粉和其他可燃物燃烧，造成现场3名研究生烧死。爆炸的间接原因是：违规开展实验、冒险作业；违规购买、违法储存危险化学品；实验室和科研项目安全管理不到位。公安机关对事发科研项目负责人和事发实验室管理人员立案侦查，追究刑事责任。

北京交通大学实验室爆炸事故充分说明了高校或企业的实验室的安全管理无异于企业的日常运行过程中的安全管理。如果风险管理和控制不到位，安全措施不落实，同样会发生严重的人员伤亡事故。

# 第一节　实验室安全概论

近几年来实验室安全事故频发。2006～2017年，仅高校就发生了14次化学实验室爆炸事件，其中9起涉及人员伤亡。2010～2015年国内外95起高校实验室事故分析（中国66起）：爆炸和火灾占68%，泄漏占12%，生物安全占11%，中毒占2%，其他占7%。引发安全事故的主要原因包括违反实验操作程序或实验操作失误，占事故总数的52%，导致人员死亡占40%，受伤或中毒占65%。

以下是最近几年一些典型的高校实验室事故：

（1）2009年7月3日，浙江大学理学院化学系1名博士生因一氧化碳中毒抢救无效死亡。

（2）2011 年 4 月 14 日，四川大学江安校区第一实验楼，3 名学生在做常压流化床包衣实验，实验物料意外爆炸，导致 3 名学生受伤。

（3）2011 年 9 月 2 日，华东理工大学的 2 名研究生在做化学实验时，反应器爆炸，双双受伤。

（4）2013 年 4 月 30 日，南京理工大学 5 号门内一平房实验室发生爆炸，引发房屋坍塌，附近居民多家玻璃被震碎，造成 2 人受伤，3 人被埋。

（5）2015 年 4 月 5 日正午，中国矿业大学化工学院一实验室发生爆炸事故，导致 1 名研究生死亡，4 人受伤（包括 1 名外来公司人员截肢）。

（6）2015 年 12 月 18 日上午 10：10 左右，清华大学化学系（何添楼）二楼一实验室发生火灾事故，该校化学系 1 名博士后不幸遇难。

（7）2016 年 9 月 21 日，东华大学实验室爆炸致 2 名学生眼部受伤，1 人手术。

（8）2017 年 3 月 27 日深夜，复旦大学一实验室发生事故，现场一名学生手被炸伤。

在美国，化学安全和危害调查委员会（CSB）收集和分析了超过 120 起关于高校研发实验室的事故，发现很多事故导致了爆炸、火灾、中毒等人员伤亡的状况。其中，典型的三起高校研发实验室相关的事故为：

（1）1997 年达特茅斯大学研究院剧毒化学品导致中毒死亡；

（2）2008 年加州大学洛杉矶分校，高活性化学品沾染到实验学生毛衣发生自燃，烧伤后死亡。

（3）2010 德州技术大学，放大试验过程中，化学品撞击爆炸。

CSB 于 2011 年就上述三起严重的实验室安全事故制作了专门的视频材料，以警示高校、企业、监管机构和当地政府机构提高实验室安全管理上的紧迫性。

北京交通大学实验室爆炸事件，再次提醒我们实验室安全问题刻不容缓。但同时我们必须意识到，实验室安全同样是一个系统工程。实验室的运行和操作与企业类似，涉及化学品的使用和存储；也可能会进行很多研发性质的化学反应；涉及样品、中间体、成品的处理，需要使用和管理不同的实验设备；也需要根据不同的实验活动考虑实验室应急响应及救援和相应的应急设备。但是实验室的运行和操作与企业相比，又有一些明显的差异，主要体现在以下方面：

（1）规模小　实验室的测试或研发通常是为将来的商业化运行准备的，但远低于后者的规模。就化学反应来讲，通常是毫克级、克级或公斤级。

（2）实验室设计标准化　很多企业的实验室，特别是高校实验室，通常都是先建造实验楼，配置标准化的通风系统，很少有根据实验室具体的操作活动来进行设计和安装，这给实验室投入运行后的实际适合性带来很大的挑战。

（3）实验变化快　很多具体的实验或研发活动频次很低，重复和频繁进行的活动在高校和研发实验室很少发生，实际情况就是实验方案变化很快。

（4）人员变化快　特别是在高校实验室，每一年都会有部分或大部分新的学生加入。

（5）自动化程度低　除了部分中试装置，实验室操作很少是自动化完成的，大部分依赖人员操作，涉及危险化学品的处理，通常在通风橱内进行。

（6）设备多样化和多功能化　不同的实验室会使用各种各样的非标准化设备，不同的设备会导致不同的操作和事故。

实验室就像是一个微型工厂，麻雀虽小，五脏俱全，而且复杂多变。尽管人们意识中认为事故后果不会像大型工厂那么严重，但是实际上往往会导致严重的人员伤亡和财产损失。实验室运行中的每个环节都必须尽力做好。尽管我们的实验室环境差别万千，但是只要所有实验室人员有安全意识，具有危险识别与风险分析的能力，就可以让我们应对不同的实验环境，控制和管理好实验室的运行风险。下面我们介绍一下如何系统性地管理实验室安全风险。

## 一、实验室风险管理

与企业工厂运行的风险管理一样，实验室的风险管理需要回答这样几个问题：①实验室有哪些危害？②什么情况下会发生事故？③事故后果会有多严重？④风险是否可以承受？⑤如何控制？

具体来说，识别实验室危险可以从"人""机""料""法""环"五个角度着手。"人"指实验操作者；"机"指实验设施、设备、管道、仪表等；"料"指实验室涉及的物料，包括化学品试剂、各种气体、生物制品以及其他实验物料；"法"指与新建改建实验室有关的实验楼建造、布置、使用以及实验过程中涉及的实验室化学品、设备、个体防护用品（PPE）、人员培训与管理、变更管理、危害识别与风险评估等相关的法律法规要求和规定；"环"指实验室的选址与设计，工作面积和通道，出入口，水、电、气、通风、应急等基础设施。

### 1.典型的实验室危害

（1）物理危害　通常为实验操作过程中由于工作环境导致的一些伤害，包括机械伤害、烫伤、触电、滑倒、坠落、电离与非电离辐射、采光照明异常或强光、压力异常（如真空或高压环境）、噪声、振动、高/低温、高湿等。

（2）化学危害　主要是处理化学品或气瓶和设备故障状态下，化学品或有害气体释放导致的伤害，包括化学品相关的火灾和爆炸、急性中毒、腐蚀或刺激、致癌或慢性中毒等。

（3）生物危害　实验人员在处理包括植物、动物、微生物或其产物时造成的伤害，可影响健康或是造成不舒适、更严重的后果。可归结为感染或生物体在人体内繁殖生长所致（如流行性感冒、麻疹、肺结核）；过敏，即生物体以过敏原角色经重复暴露致使人体免疫系统过度反应所致（如过敏性肺炎、气喘、过敏性鼻炎）；中毒，因暴露于生物体所产生毒素（如细菌内毒素、细菌外毒素、真菌毒素）所致（如发烧、发冷、肺功能受损）。

**2. 事故后果**

由于规模较小，实验室事故造成的结果往往限于实验室范围内，如局部火灾、实验室人员严重受伤或死亡。但是特别情况下可能会造成群死群伤，如反应失控情况下的爆炸，毒性气体或窒息性气体泄漏，严重的微生物感染或中毒。

典型的危险识别和风险分析的方法可以参照本书第二章第二节和第三节，以及第五章第二节的内容。

**3. 事故的预防和控制**

实验室的操作往往自动化程度比较低，事故的预防往往依赖于实验活动过程中操作人员的安全意识、对实验的熟悉程度、操作程序的完整性和可靠性、人员的培训等。而事故发生时往往依靠有限的工程措施、通风或个体防护用品来降低伤害的程度，或者只能依赖应急措施（如安全淋浴和洗眼器、紧急撤离等）。

本章的第二节到第六节分别从实验室化学品危害识别和控制、实验室生物危害识别与控制、实验室设备安全的危害识别和控制、实验室常见操作个体防护建议和实验室应急响应及救援的角度重点介绍了实验室严重事故的预防和控制。

**4. 风险管理**

与工艺装置不同，实验室运行通常会有很多新的实验要求，相应地带来实验人员和所需实验的试剂、设备、气体、通风要求、个体防护用品以及紧急处理设施的变化。因此，持续进行危害识别和风险控制是必须的。需要建立切合实际的能够满足快速变化的变更管理系统，以达到实验室运行持续风险受控的要求。

## 二、前期设计和变更管理

实验室的前期设计对日后的运行管理和安全控制至关重要。设计必须事先考虑所要进行的实验活动、实验规模、可能需要的化学品和使用量、物料和人员出入途径等。从选址和平面布置、建筑防火、试剂和样品存放、安全防护和隔离、采暖通风、气体或公用工程供应管线布置、给排水、废水废气处理、电力供应等，各方面都需要专业人员来帮助进行。同时，建议参照 JGJ 91—2019《科研建筑设计标准》和国外一些良好的工程实践。而且最好能够在实验室设计和建造阶段进行事先的危害识别和风险评估，在实验室或实验楼投入运行前进行开车前安全评估，以确保提前建立好相关的实验程序、设备操作和维护程序，并且培训好相关人员。

实验室或实验楼投入运行后，随着实验的进行，往往很快就需要进行操作或实验上的变更，所以必须建立"变更管理程序"来管理所有的变化。微小的现有测试或操作的变更可以通过面对面的交流和沟通进行，但这些变化必须记录下来，让其他人员充分了解。较大的变更，如引入新的测试方法、新的化学品、新的实验设备，则必须通过正式的变更管理审批程序，这个过程旨在明确以下内容和行动：

① 变更的范围。

② 变更带来的新危害和原有风险的变化。

③ 变更前必须采取的行动。这些行动可能涉及需要的新的控制措施和实验室改造要求；通风系统的改造和测试；实验程序和设备维护维修程序的更新；人员的培训；个体防护用品的更换和应急设施的更新等。

④ 变更的批准。只有变更经过适当人员的批准之后，变更才能执行和跟进。

⑤ 变更验收。所有的变更带来的改进行动，必须有人确认和签收。

## 三、人员培训

实验室操作的风险控制依靠的主要是实验室操作人员，因此这些人员的培训至关重要。本书建议培训要包括以下三个部分的内容：

① 通用培训　基础培训的内容很多，包括实验室基本安全规定、实验室典型危险和注意事项、实验室清洁卫生对实验室安全的重要性、化学品的基本知识和分类、玻璃制品的安全使用、用电安全、工作面安全、绊倒及跌倒安全预防、个体防护用品的使用和维护、灭火器的使用、安全淋浴和洗眼器的使用和检查、应急程序等。

② 针对性作业培训　针对性作业培训包括实验设备操作、气瓶操作和存放、通风橱的使用和检查、危险化学品储存和使用、生物制品的基本知识和使用、反应过程监控、废弃物的分类和存放、危险物质释放的处理和应急、实验室最坏情景和控制措施、特殊防护用品的维护和保养等。

③ 其他培训　实验室主管和实验室管理人员必须经过适当的培训，以保证其清楚知道实验室可能发生的危害和事故的后果，而且非常清楚如何预防事故的发生以及发生事故情况如何应对。

## 四、实验室的日常安全管理

实验室的日常安全管理，旨在确保实验室所有的活动能够正常安全进行。日常管理内容包括：

（1）每日安全晨会　在每天开始实验活动之前，所有的实验室人员应该在一起讨论当日的实验计划、可能产生的危险和需要的防护措施、超出计划的实验室活动和可能的风险。每日晨会也可以讨论和分享其他实验室发生的事故或未遂事件。

（2）定期的实验室清洁卫生　实验室清洁卫生可以每天或者每几天做一次，

重点是确保实验室处于整齐的安全状态，如地面清洁干燥无泄漏物质、实验设备表面清洁没有污染、实验仪器已经置于原来的位置、玻璃仪器没有裂痕、化学品或试剂已经分类按要求存放、通风橱状态正常、气瓶和管道连接没有异常、没有特别的噪声或温度异常。

（3）经常性的安全检查和自我评估　实验室的安全检查可以由实验室的人员自发组织进行，但实验室人员缺乏能力或经验时可由外部人员协助。安全检查也可以由安全管理人员非正式的巡视的方式，或者使用检查表等正式地完成。检查的频率可以实验室自身确定，或者根据公司或者上一级机构的要求进行。检查过程中发现的缺陷需要由专人跟进并改进完成。实验室安全管理系统的运行应该进行定期的全范围的运行状态评估，这样的评估可以帮助识别运行系统如变更管理、培训、化学品管理、设备设施维护和维修管理等方面的缺陷并加以改善。

### 五、实验室事故汇报和调查

无论是什么性质的实验室，都必须建立事故、未遂事件汇报、调查处理要求和程序。只有对实验室发生的事故、未遂事件和异常状况进行分析或正式的调查，找出问题的症结（根本原因），才能对症下药，不断改进实验室安全管理体系的漏洞，持续完善和改进安全表现。

### 六、总结

实验室安全管理和工厂的运营管理，既有共性，又有很大的差异。共同点是都可以通过建立、执行基于风险的管理系统加以改善和提升，差别是实验室的规模小、多样化和变化快。实验室安全需要在识别基本操作相关危害基础上，从"人""机""料""法""环"五个角度着手分析风险和控制风险，以切合实际的变更管理、培训、自我检查并改进的手段不断完善，达到持续控制风险的目的。

通过对实验室人员的培训和辅导，特别是高校实验室学生群体，要从强制管理转变到实验人员的自觉行为，是消除缺陷、防止事故发生、减少事故灾害、保证实验室安全的关键。实验人员应主动地学习危险识别和风险分析、评估和管理能力，把"要我安全"转变为"我要安全"，从而达到"互助安全"。

## 第二节　实验室化学品危害识别和控制

### 一、实验室化学品危害概述

由前述可知，就条件与性质而言，实验室，尤其是高校实验室，有诸多优势：
① 实验人员的整体学历高且学习能力强；

② 实验规模小;

③ 所使用的化学品用量小且用时短等。

这些让我们觉得实验室的危险性很小,安全系数很高。但其实,这些优势背后却隐藏着各种危险因子:

① 实验人员更为关注实验过程与结果,忽略了过程安全;

② 实验设备与操作因实验方案变动而变更频繁;

③ 实验室人员更替频繁;

④ 实验室化学品种类复杂、危险性不一;

⑤ 实验室的实验由于创新性,经常是第一个"吃螃蟹"的人。

实验室的空间相对较小,但是人口密度较大,由于其教学、科研的性质往往需要使用各种各样的危险化学品且变更频繁,其中不乏易燃易爆化学品、易制毒易制爆化学品、剧毒化学品等。这些危险化学品潜藏着极大的危险性,稍有疏忽或不慎,就可能导致严重的事故,如火灾、爆炸、中毒等,造成人员伤亡。如果实验室工作、科研人员没有足够的化学品安全管理知识,或者缺乏化学品安全管理意识,就好比手无寸铁闯入战场的士兵,后果不堪设想。很多实验大楼里面有着很多实验室。实验室人员不但要对自身安全负责,也要对整栋实验楼的其他实验室安全负责。

要妥善管理实验室内的化学品,对化学品危害性的认知可谓是重要的一环。

## 二、实验室的化学品危害识别

### 1. 化学品 GHS 危险性分类

要进行实验室化学品危害识别,仍然绕不开"化学品 GHS 分类"这个概念。

相信阅读了第二章的读者已经知道,GHS 是 1992 年联合国发展大会上提出的一个统一的化学品分类及标记的全球协调制度。表 9-1 及表 9-2 可帮助我们进一步加深理解。

表 9-1 为易燃液体危险分类说明,易燃液体理化危险是根据闪点的高低来对危险性进行分级的。随着易燃液体闪点的增大,危险类别数字递增,可燃液体的危险性说明也从极度易燃、高度易燃递减为易燃及可燃,图形符号和信号词也不尽相同。不同等级对应的可燃性清晰明了。

**表 9-1 易燃液体危险分类说明**

| 危险类别 | 标准 | 标签要素 | |
| --- | --- | --- | --- |
| 1 | 闪点小于 23℃且初沸点不大于 35℃ | 图形符号 | |
| | | 信号词 | 危险 |
| | | 危险说明 | 极易燃液体和蒸气 H224 |

续表

| 危险类别 | 标准 | 标签要素 | |
|---|---|---|---|
| 2 | 闪点小于 23℃且初沸点大于 35℃ | 图形符号 | |
| | | 信号词 | 危险 |
| | | 危险说明 | 高度易燃液体和蒸气 H225 |
| 3 | 闪点不小于 23℃且不大于 60℃ | 图形符号 | |
| | | 信号词 | 警告 |
| | | 危险说明 | 易燃液体和蒸气 H226 |
| 4 | 闪点小于 60℃且不大于 90℃ | 图形符号 | 无 |
| | | 信号词 | 警告 |
| | | 危险说明 | 可燃液体 |

表 9-2 为急性毒性危险分类说明。急性毒性（经口）化学品属于健康危险大类，是根据半数致死量（$LD_{50}$）高低来对危险性进行分类的。随着半数致死量（$LD_{50}$）的增加，危险类别数字递增，急性毒性（经口）化学品的危险性说明也从吞咽致命递减为吞咽会中毒、吞咽有害，图形符号和信号词也不尽相同。不同的毒性程度一目了然。同理，急性毒性（经皮）同样是根据 $LD_{50}$ 来判定危害性，危害程度依次为皮肤接触致命、皮肤接触会中毒、皮肤接触有害。而急性毒性（吸入）化学品根据半致死浓度来判定危险性，危险程度依次是吸入致命、吸入会中毒、吸入有害。

表 9-2　急性毒性危险分类说明

| 危险类别 | 标准 | 标签要素 | |
|---|---|---|---|
| 1 | 经口 $LD_{50} \leqslant 5mg/kg$<br>经皮肤 $LD_{50} \leqslant 50mg/kg$<br>吸入（气体）$LC_{50} \leqslant 0.1mL/L$<br>吸入（蒸气）$LC_{50} \leqslant 0.5mg/L$<br>吸入（粉尘、烟雾）$LC_{50} \leqslant 0.05mg/L$ | 图形符号 | |
| | | 信号词 | 危险 |
| | | 危险说明 | 吞咽致命 H300<br>皮肤接触致命 H310<br>吸入致命 H330 |
| 2 | 经口 $5mg/kg < LD_{50} \leqslant 50mg/kg$<br>经皮肤 $50mg/kg < LD_{50} \leqslant 200mg/kg$<br>吸入（气体）$0.1mL/L < LC_{50} \leqslant 0.5mL/L$<br>吸入（蒸气）$0.5mg/L < LC_{50} \leqslant 2.0mg/L$<br>吸入（粉尘、烟雾）$0.05mg/L < LC_{50} \leqslant 0.5mg/L$ | 图形符号 | |
| | | 信号词 | 危险 |
| | | 危险说明 | 吞咽致命 H300<br>皮肤接触致命 H310<br>吸入致命 H330 |

续表

| 危险类别 | 标准 | 标签要素 | |
|---|---|---|---|
| 3 | 经口 50mg/kg<$LD_{50}$≤300mg/kg<br>经皮肤 200mg/kg<$LD_{50}$≤1000mg/kg<br>吸入(气体)0.5mL/L<$LC_{50}$≤2.5mL/L<br>吸入(蒸气)2.0mg/L<$LC_{50}$≤10.0mg/L<br>吸入(粉尘、烟雾)0.5mg/L<$LC_{50}$≤1.0mg/L | 图形符号 | |
| | | 信号词 | 危险 |
| | | 危险说明 | 吞咽会中毒 H301<br>皮肤接触会中毒 H311<br>吸入会中毒 H331 |
| 4 | 经口 300mg/kg<$LD_{50}$≤2000mg/kg<br>经皮肤 1000mg/kg<$LD_{50}$≤2000mg/kg<br>吸入(气体)2.5mL/L<$LC_{50}$≤20.0mL/L<br>吸入(蒸气)10.0mg/L<$LC_{50}$≤20.0mg/L<br>吸入(粉尘、烟雾)1.0mg/L<$LC_{50}$≤5.0mg/L | 图形符号 | |
| | | 信号词 | 警告 |
| | | 危险说明 | 吞咽有害 H302<br>皮肤接触有害 H312<br>吸入有害 H332 |

由此可见，熟悉了解化学品危险性分类及分级让我们对化学品的危险性高低及可能造成的后果有了最初步、直观的印象，由此可以采取最及时、合理的对应措施。

2."一书一签"

"一书"，即化学品安全技术说明书（SDS），是化学品生产或销售企业按法律要求向客户提供的有关化学品危害特征的一份综合性文件。"一签"，即化学品安全标签。该部分内容在本书第三章有详细介绍。

3.化学品兼容性识别

通过阅读 SDS 与化学品安全标签，我们可以了解每一种化学品的危害性。但当不同化学品"相遇"在一起，它们之间可能发生的相互作用、相互影响就产生了另一种危害——化学品兼容性问题。错误的"相遇"可能导致严重爆炸或形成剧毒、易燃，或两者兼而有之的物质。

在化学品的储存、运输、使用乃至丢弃环节中，都会同时涉及不同种类的化学品，所以我们要在实验室化学品的整个生命周期的各个环节，都考虑到化学品之间的兼容性因素。在《常用化学危险品贮存通则》（GB 15603—1995）中有关储存禁忌的描述，见表 9-3。

### 三、怎样管理实验室的化学品

所有的理论知识都是为我们的实际操作服务的。那我们该怎么管理好实验室里的化学品呢？可以从化学品在实验室的全生命周期过程（图 9-1）考虑，逐一管理。

**表 9-3　常用危险化学品储存禁忌物配存表**

| 危险化学品的种类和名称 | | 配存顺号 | 1 | 2 | 3 | 4 | 5 | 6 | 7 | 8 | 9 | 10 | 11 | 12 | 13 | 14 | 15 | 16 | 17 | 18 | 19 | 20 | 21 | 22 | 23 | 24 |
|---|---|---|---|---|---|---|---|---|---|---|---|---|---|---|---|---|---|---|---|---|---|---|---|---|---|---|
| 爆炸品 | 点火器材 | 1 | 1 | | | | | | | | | | | | | | | | | | | | | | | |
| 爆炸品 | 起爆器材 | 2 | × | 2 | | | | | | | | | | | | | | | | | | | | | | |
| 爆炸品 | 炸药及爆炸性药品（不同品名的不得在同一库内配存） | 3 | × | × | 3 | | | | | | | | | | | | | | | | | | | | | |
| 爆炸品 | 其他爆炸品 | 4 | △ | × | × | 4 | | | | | | | | | | | | | | | | | | | | |
| 氧化剂 | 有机氧化剂 | 5 | × | × | × | △ | 5 | | | | | | | | | | | | | | | | | | | |
| 氧化剂 | 亚硝酸盐、亚氯酸盐、次亚氯酸盐① | 6 | △ | △ | △ | △ | △ | 6 | | | | | | | | | | | | | | | | | | |
| 氧化剂 | 其他无机氧化剂② | 7 | △ | × | × | × | △ | × | 7 | | | | | | | | | | | | | | | | | |
| 压缩气体和液化气体 | 剧毒（液氯与液氨不能在一库内配存） | 8 | △ | △ | △ | △ | × | × | △ | 8 | | | | | | | | | | | | | | | | |
| 压缩气体和液化气体 | 易燃（氧及氧空钢瓶不得与油脂在同一库内配存） | 9 | △ | △ | △ | △ | △ | △ | △ | △ | 9 | | | | | | | | | | | | | | | |
| 压缩气体和液化气体 | 助燃 | 10 | △ | △ | △ | △ | × | × | △ | × | △ | 10 | | | | | | | | | | | | | | |
| 压缩气体和液化气体 | 不燃 | 11 | | | | | | | | | | | 11 | | | | | | | | | | | | | |
| 自燃物品 | 一级 | 12 | | | | | | | | | | | | 12 | | | | | | | | | | | | |
| 自燃物品 | 二级 | 13 | | | | | | | | | | | | | 13 | | | | | | | | | | | |
| 遇水燃烧物品（不得与含水液体货物在同一库内配存） | | 14 | | | | | | | | | | | | | | 14 | | | | | | | | | | |
| 易燃液体 | | 15 | | | | | | | | | | | | | | | 15 | | | | | | | | | |
| 易燃固体（H 发孔剂不可与酸性腐蚀物品及有毒和易燃硝酯类危险货物配存） | | 16 | | | | | | | | | | | | | | | | 16 | | | | | | | | |
| 毒害品 | 氧化物 | 17 | | | | | | | | | | | | | | | | | 17 | | | | | | | |
| 毒害品 | 其他毒害品 | 18 | | | | | | | | | | | | | | | | | | 18 | | | | | | |
| 腐蚀样品 酸性腐蚀物品 | 溴 | 19 | | | | | | | | | | | | | | | | | | | 19 | | | | | |
| 腐蚀样品 酸性腐蚀物品 | 过氧化氢 | 20 | | | | | | | | | | | | | | | | | | | × | 20 | | | | |
| 腐蚀样品 酸性腐蚀物品 | 硝酸、发烟硝酸、硫酸、发烟硫酸、氯磺酸 | 21 | | | | | | | | | | | | | | | | | | | × | × | 21 | | | |
| 腐蚀样品 酸性腐蚀物品 | 其他酸性腐蚀物品 | 22 | | | | | | | | | | | | | | | | | | | × | × | 1) | 22 | | |
| 腐蚀样品 碱性及其他腐蚀品 | 生石灰、漂白粉 | 23 | | | | | | | | | | | | | | | | | | | | | △ | △ | 23 | |
| 腐蚀样品 碱性及其他腐蚀品 | 其他（无水肼、水合肼、氨水不得与氧化剂配存） | 24 | | | | | | | | | | | | | | | | | | | | | △ | × | △ | 24 |

注：① 除硝酸盐（如硝酸钠、硝酸钾、硝酸铵等）与硝酸、发烟硝酸可以配存外，其他情况均不得配存。
② 无机氧化剂不得与松软的粉状可燃物（如煤粉、焦粉、炭墨、淀粉、糖、锯末等）配存。
1. 无配存符号可表示可以配存。
2. △表示可以配存，堆放时至少隔离 2m。
3. ×表示不可以配存。
4. 有注释时按注释规定办理。

采购管理 ➡ 库存管理 ➡ 转移管理 ➡ 储存管理 ➡ 使用管理 ➡ 废弃管理

图 9-1　化学品全生命周期过程

1.采购管理

在采购化学品前，基于本质更安全的理念，应评估实验室小试方案是否可用低毒、低危险性的化学品进行替代。

采购新化学品前，需使用 SDS 对化学品的危害性进行评估，并评估实验室内现有设施设备是否满足该化学品的储存、操作等工程控制需求，如是否有合适的储存柜、是否有足够的通风。

采购化学品前，应评估所采购的化学品是否属于国家管控的易制毒化学品、剧毒化学品及民用爆炸品。若是，则应准备相应材料以申请获得购买许可。具体可参见本书第三章第三节。若化学品属于易制爆化学品，则应根据《易制爆危险化学品治安管理办法》进行网上流向登记。

2.库存管理

（1）建立化学品清单并维护　要知道如何去管控，首先必须得知道动作的对象是什么。如果我们连实验室里的化学品构成都不知道，那管理也就无从谈起。所以，作为一切工作的基础，我们需要建立一张实验室化学品清单并及时维护，这可以使后续工作变得清晰而有序。

（2）根据实验需求合理、适量采购化学品　从前面章节我们可以知道，危险源越大，危险性也就越高。库存控制就是对量的控制，通过合理的采购实现消除、控制危险源。同时由于实验室化学品"用量小但种类繁杂"的特点，如果没有做好库存管理而大量采购同种化学品，很容易导致闲置，造成不必要的"被动"储存及"被动"废弃物处理，从而使得风险增加，不利于实验室化学品的良好管理。

（3）记录化学品出入库详情，形成台账　出入库的记录可以保证追踪、追溯化学品的流向，也就使得化学品的全生命周期的管理得以实现。

3.转移管理

化学品转移人员必须了解所处理的有毒、反应性/可聚合性、易燃和易爆化学品潜在混合的危害。相关信息可以在 SDS 的危险性概述、消防措施、操作措施与储存、稳定性和反应活性中找到。同时需注意，两种性能相抵触的化学品，不得同时转移，以防止意外破损导致的化学品接触、反应，致使事故发生。

被转移化学品应有完整包装，转移过程应轻搬轻放，防止撞击摩擦、摔碰震动，同时全过程应使用托盘，防止破损导致的泄漏发生。若已造成泄漏或散落，则应根据化学品应急正确处理方式及时清除干净。转移化学品的人员应根据化学品危害性穿戴合适的 PPE，且在转移完毕后及时、彻底洗消，中途不得饮食、吸烟，以防止化学品的误食入。

### 4. 储存管理

不相容化学品不仅在转移时需要谨慎，在储存时也必须隔离、隔开或分离存放。特别是氧化剂和还原剂应彼此分离，使在发生事故时不可能相互接触。

所有化学品存放容器应有明显、完整、清晰的标签。根据 SDS 要求配备盛装容器，不得将食品容器用于化学品盛装。液体化学品建议配备足够容积的二次容器，以容纳所盛装的最大容积化学品的所有泄漏量，或者化学品总量的 20%。

对于易燃易爆化学品，应存放在防爆安全柜内，柜身上应有明显标记，注明"易燃"。

对于腐蚀性化学品，应存放在防腐蚀安全柜内，建议选择金属安全柜以将对实验室设备的腐蚀降到最低。对于放置位置，建议将腐蚀性化学品放置在低于眼睛高度的架子上，以减少眼睛受伤的可能性。

对于热不稳定性化学品，应储存在专用的冰箱内，并应根据实际情况评估是否需要配备高温报警和冰箱备用电源。

对于易制毒化学品、易制爆化学品、剧毒化学品，其储存要求可参见本书第三章第三节。

化学品的储存均应密封以防止蒸发，避免太阳直射并远离热源。若为易挥发的化学品应同时考虑储存柜内通风问题。同时，SDS 应置于储存区，并按照要求配备相应的应急设备、工具。

### 5. 使用管理

化学品操作人员在使用前应熟读并掌握 SDS 安全信息，根据"操作措施与储存"与"接触控制与个体防护"的要求在化学品使用过程中采取对应的工程控制措施，如通风、穿戴正确的个体防护用品。需要注意的是，个体防护用品作为保护实验人员的最后一道防线，并不能代替工程控制措施作为唯一的接触控制方法。

严格按照标准程序操作，不得随意用其他操作代替，例如：用嘴吸移液管。通过认真练习和仔细操作，以避免锐器损伤（如通过皮下注射针头、巴斯德玻璃管和破损的玻璃器皿）所引起的感染。

严禁直接接触化学品，包括皮肤接触、吸入、吞入等，这些都是化学品毒性侵入人体的途径。在实验室内严禁饮食，且在每次化学品操作后都应第一时间仔细清洁双手，防止化学品二次传播。

对于易制毒、易制爆、剧毒化学品，必须按照本书第三章第三节的要求双人领用、双人使用、双人归还。

### 6. 废弃管理

清楚标识废弃化学品信息，不兼容化学品废弃时，仍要注意分类暂存、丢弃。对于可能发生反应的不同化学品，要了解其反应可能带来的风险。如果有任何疑问，咨询实验室安全负责人或向上级请示。现实生活中也发生过实验室人员离开后，废物桶内的化学物质反应发热，造成燃烧事故的案例。

实验室化学品废弃物应作为危险废弃物废弃，严禁混入生活垃圾中，液体化学品严禁倾倒入下水道。储存废弃化学品的容器应处于良好状态，并与所盛装的废弃化学品兼容。

所有废弃物应良好密封，如空瓶应盖紧；用容器盛装废液时，不要太满，在顶部留有一定空间，以防止化学品在最后的生命周期阶段——废弃阶段发生泄漏并造成事故，并且配备好所需的应急设备、工具。

# 第三节 实验室生物危害识别与控制

2002 年炭疽事件、2003 年"非典"事件，让生物安全渐渐走入大众视线。2019 年新型冠状病毒感染的肺炎事件更是让生物安全再次引起高度重视。

1983 年，国际卫生组织出版《实验室生物安全手册》第一版，为各级实验室使用的生物安全技术提供了实用指南。美国疾病预防控制中心也于 1984 年推出第一版《微生物和生物医学实验室生物安全》。

我国于 2002 年推出《WS 233 微生物和生物医学实验室生物安全通用准则》，2004 年发布国务院令第 424 号令《病原微生物实验室生物安全管理条例》、GB 19489《实验室生物安全通用要求》、GB 50346《生物安全实验室建筑技术规范》，2006 年环境保护总局推出《病原微生物实验室生物安全环境管理办法》。

## 一、生物危害识别评估

### 1. 生物危害

生物危害是对人、环境和社会造成危害或潜在危害的各种生物因子。生物因子主要包含病原微生物，毒素和过敏原，基因改造生物体等。

《人间传染的病原微生物名录》中对病毒、细菌、放线菌、衣原体、支原体、立克次体、螺旋体、真菌类等生物因子进行危害程度分类，并针对不同操作规定实验活动所需生物安全实验室级别及运输包装分类要求。

### 2. 生物危害风险评估

（1）风险因素识别 当实验活动涉及致病性生物因子时，应识别但不限于以下风险因素：

① 实验活动涉及致病性生物因子的已知或未知的特性，如：危害程度分类；生物学特性；传播途径和传播力；感染性和致病性（易感性、宿主范围、致病所需的量、潜伏期、临床症状、病程、预后等）；与其他生物和环境的相互作用、

相关实验数据、流行病学资料；在环境中的稳定性；预防、治疗和诊断措施，包括疫苗、治疗药物与感染检测用诊断试剂。

② 涉及致病性生物因子的实验活动，如：菌（毒）种及感染性物质的领取、转运、保存、销毁等；分离、培养、鉴定、制备等操作；易产生气溶胶的操作，如离心、研磨、振荡、匀浆、超声、接种、冷冻干燥等；锐器的使用，如注射针头、解剖器材、玻璃器皿等。

实验活动涉及遗传修饰生物体（GMOs）时，应考虑重组体引起的危害。

① 感染性废物处置过程中的风险，如：废物容器、包装、标识；收集、消毒、储存、运输等；感染性废物的泄漏；灭菌的可靠性；设施外人群可能接触到感染性废物的风险。

② 实验活动安全管理的风险，包括但不限于：消除、减少或控制风险的管理措施和技术措施，采取措施后残余风险或带来的新风险；运行经验和风险控制措施，包括与设施、设备有关的管理程序、操作规程、维护保养规程等的潜在风险；实施应急措施时可能引起的新风险。

③ 涉及致病性生物因子实验活动的相关人员要求　具备专业及生物安全知识、操作技能；对风险的认知；心理素质；意外事件/事故的处置能力；健康状况；健康监测、医疗保障及医疗救治。

④ 实验室设施、设备：生物安全柜、离心机、摇床、培养箱等；废物、废水处理设施、设备；个体防护装备。包括：a.防护区的密闭性、压力、温度与气流控制；b.互锁、密闭门以及门禁系统；c.与防护区相关联的通风空调系统及水、电、气系统等；d.安全监控和报警系统；e.菌（毒）种及样本保藏的设施设备；f.防辐射装置；g.化学淋浴装置等。

实验室生物安保制度和安保措施，重点识别所保藏的或使用的致病性生物因子被盗、滥用和恶意释放的风险。对已发生的实验室感染事件进行原因分析。

（2）风险评估　风险评估以国家法律、法规、标准、规范，以及权威机构如世界卫生组织发布的指南、数据等为依据。对已识别的风险进行分析，形成风险评估报告。

风险评估应由具有经验的不同领域的专业人员进行。

① 进行风险评估情况　病原体生物学特性或防控策略发生变化时；开展新的实验活动或变更实验活动（包括设施、设备、人员、活动范围、规程等）时；实验区域或同类实验室发生感染事件、感染事故时；相关政策、法规、标准等发生改变时。

② 生物重组 DNA 技术风险评估　重组 DNA 技术涉及组合不同来源的遗传信息，从而创造自然界以前可能从未存在过的遗传修饰生物体（genetically modified organism，GMO）。涉及构建或者使用 GMO 的实验首先进行生物安全评估。与该生物体有关的病原性和所有潜在危害可能都是新型的，没有确定的。

供体生物的特性、将要转移的 DNA 序列的性质、受体生物的特性以及环境特性等都需要进行评估。

③ 插入基因（供体生物）所直接引起的危害　当已经知道插入基因产物具有可能造成危害的生物学或药理学活性时，则必须进行危险度评估，例如：毒素；细胞因子；激素；基因表达调节剂；毒力因子或增强因子；致瘤基因序列；抗生素耐药性；变态反应原。

在考虑上述因素时，应包括达到生物学或药理学活性所需的表达水平的评估。

① 与受体、宿主有关的危害：宿主的易感性；宿主菌株的致病性，包括毒力、感染性和毒素产物；宿主范围的变化；接受免疫状况；暴露后果。

②现有病原体性状改变引起的危害。

正常的基因修饰可能改变生物体的致病性，为了识别这些潜在的危害，应考虑以下几点（但不限于）：感染性或致病性是否增高？受体的任何失能性突变是否可以因插入外源基因而克服？外源基因是否可以编码其他生物体的致病决定簇？如果外源 DNA 确实含有致病决定簇，那么是否可以预知该基因能否造成 GMO 的致病性？是否可以得到治疗？GMO 对于抗生素或其他治疗形式的敏感性是否会受遗传修饰结果的影响？是否可以完全清除 GMO？

## 二、生物危害控制

（1）BSL-1、BSL-2 实验室安全要求

① BSL-1 实验室（图 9-2）安全要求　实验室墙壁、天花板和地板应当光滑、易清洁、防渗漏并耐化学品和消毒剂的腐蚀。地板应当防滑，不应铺设地毯。

实验室应有防止节肢动物和啮齿动物进入的措施。

在实验室的工作区外应当有存放外衣和私人物品的设施。可将个人服装与实验室工作服分开放置。

在实验室的工作区外应当有进食、饮水和休息的场所。

实验室应有洗手池，最好安装在出口处，尽可能用自来水。

实验室的门应有可视窗，并达到适当的防火等级，最好能自动关闭。

在设计新的设施时，应当考虑设置机械通风系统，以使空气向内单向流动。如果没有机械通风系统，那么实验室窗户应当能够打开，同时应安装防虫纱窗。

不得循环使用动物实验室排出的空气。

必须为实验室提供可靠和高质量的水。要保证实验室水源和饮用水源的供应管道之间没有交叉连接。应当安装防止逆流装置来保护公共饮水系统。

要有可靠和充足的电力供应和应急照明，以保证人员安全离开实验室。备用发电机对于保证重要设备（如培养箱、生物安全柜、冰柜等）的正常运转以及动

物笼具的通风都是必要的。

实验室和动物房偶尔会成为某些人恶意破坏的目标。必须考虑物理和防火安全措施。必须使用坚固的门、纱窗以及门禁系统。适当时还应使用其他措施来加强安全保障。

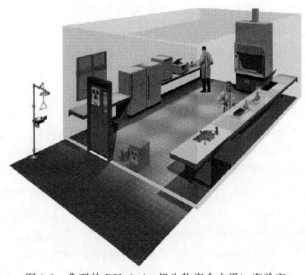

图 9-2　典型的 BSL-1（一级生物安全水平）实验室

② BSL-2 实验室（图 9-3）安全要求　在 BSL-1 实验室安全要求基础上，BSL-2 实验室还需满足：

应在靠近实验室的位置配备高压灭菌器或其他清除污染的工具。

实验室主入口的门、放置生物安全柜实验间的门应可自动关闭；实验室主入口的门应有进入控制措施。

应在实验室工作区配备洗眼装置。

应在操作病原微生物样本的实验间内配备生物安全柜。

如果生物安全柜的排风在室内循环，室内应具备通风换气的条件；如果使用需要管道排风的生物安全柜，应通过独立于建筑物其他公共通风系统的管道排出。

必要时，重要设备（如培养箱、生物安全柜、冰箱等）应配备备用电源。

（2）人员培训　人员培训的内容应包含实验室技术规范、操作规程、生物安全防护知识和实际操作。实验室工作人员都会遇到的高危操作包括：

① 吸入危险（气溶胶产物），如使用接种环、划线接种琼脂平板，移液，制作涂片，打开培养物，采集血液、血清标本，离心等；

② 食入危险，如处理标本、涂片以及培养物；

③ 在使用注射器和针头时有刺伤皮肤的危险；

④ 处理动物时被咬伤、抓伤；

⑤ 处理血液以及其他有潜在病理学危害的材料；

⑥ 感染性材料的清除污染和处理。

对于以上操作，应采用安全的方法来进行。

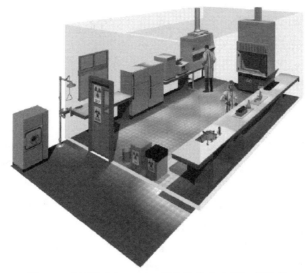

图 9-3 典型的 BSL-2（二级生物安全水平）实验室

（3）菌种保管 未经批准，不可擅自采集、运输、保存病原微生物。

需要对病原微生物采集、分离、鉴定时，要及时上报实验室负责人批准。

采集、保藏、携带、运输和使用传染病菌种、毒种和传染病检测样本，应遵从国家有关规定。

病原微生物需设专人负责登记保管，存放时应遵守双人双锁的原则，并定期进行检查，防止丢失。

由专人负责菌（毒）种和生物样本的保藏，双人双锁，并建立所保藏的菌（毒）种和生物样本名录清单。应对保藏的菌（毒）种和生物样本设立专册（卡），详细记录名称、编号、来源、鉴定的日期和结果、鉴定者、所用的培养基、保藏的方法、传代次数等。

建立菌（毒）种和生物样本的销毁制度，详细记录病原微生物的来源、使用、保存和销毁情况。销毁保存的菌（毒）种和生物样本应经实验室负责人批准，应在专册（卡）上注销并注明原因、时间、方法、数量、经办人等。

（4）生物安全实验室安全检查 加强生物安全实验室日常安全检查，及时发现不足之处并采取改进措施，有助于实验室良好安全运转，保护人员健康安全及控制生物危害因子。

日常安全检查可以从以下几个方面开展：实验室危害警示标签、标识；设施、设备（生物安全柜、通风橱、应急设施、离心机、灭菌锅等）安全；个体防护用品；电气安全；废弃物处理；消毒灭菌；操作安全；程序文件（生物安全手册、标准操作程序等）。

（5）生物实验室消毒灭菌　根据操作的病原微生物种类、污染的对象和污染程度等选择适宜的消毒和灭菌方法，对实验后的样品、器材、污染物品等进行严格消毒处理，确保消毒效果。

生物安全柜、工作台面等在每次实验前后可用消毒液擦拭消毒。

设施设备维护、修理、报废等需移出实验室，移出前应先进行消毒，去除污染。

实验用一次性个体防护用品和实验器材，弃置的菌（毒）种、生物样本、培养物，被污染的废弃物应在实验室同一建筑内消毒灭菌，达到生物学安全后再按感染性废弃物收集处理。实验使用过的防护服、一次性口罩、手套等应选用压力蒸汽灭菌方法处理。

① 清除污染　建议使用次氯酸盐和高级别的消毒剂来清除污染。一般情况可使用新鲜配制的含有效氯 1g/L 的次氯酸盐溶液，处理溢出的血液时，有效氯浓度应达到 5g/L。戊二醛可以用于清除表面污染。

② 洗手、清除手部污染　处理完生物危害性材料和动物后以及离开实验室前均必须洗手。

大多数情况下，用普通的肥皂和水彻底冲洗对于清除手部污染就足够了。但在高度危险的情况下，建议使用杀菌肥皂。手要完全抹上肥皂，搓洗至少 10s，用干净水冲洗后再用干净的纸巾或毛巾擦干（如果有条件，可以使用暖风干手器）。

推荐使用脚控或肘控的水龙头。如果没有安装，应使用纸巾或毛巾来关上水龙头，以防止再度污染洗净的手。

如上所述，如果没有条件彻底洗手或洗手不方便，应该用酒精来清除双手的轻度污染。

③ 高压灭菌　压力饱和蒸汽灭菌（高压灭菌）是对实验材料进行灭菌的最有效和最可靠的方法。

应由受过良好培训的人员负责高压灭菌器的操作和日常维护。

（6）生物实验室操作安全

① 生物安全柜　生物安全柜运行正常时才能使用。

生物安全柜在使用中不能打开玻璃观察挡板。

生物安全柜内应尽量少放置器材或标本，不能影响后部压力排风系统的气流循环。

生物安全柜内不能使用本生灯，否则燃烧产生的热量会干扰气流并可能损坏过滤器。

所有工作必须在工作台面的中后部进行，并能够通过玻璃观察挡板看到。

尽量减少操作者身后的人员活动。

操作者不应反复移出和伸进手臂，以免干扰气流。

不要使实验记录本、移液管以及其他物品阻挡空气格栅，因为这将干扰气体流动，引起物品的潜在污染和操作者的暴露。

工作完成后以及每天下班前，应使用适当的消毒剂对生物安全柜的表面进行擦拭。

在安全柜内的工作开始前和结束后，其风机应至少运行 5min。

在生物安全柜内操作时，不能进行文字工作。

② 避免感染性物质的注入　应尽可能用塑料制品代替玻璃制品。

锐器损伤（如通过皮下注射针头、巴斯德玻璃吸管以及破碎的玻璃）可能引起意外注入感染性物质。

减少使用注射器和针头。

必须使用注射器和针头时，采用锐器安全装置。

不要重新给用过的注射器针头戴护套。

一次性物品应丢弃在防（耐）穿透的带盖容器中。

应当用巴斯德塑料吸管代替玻璃吸管。

③ 离心机的使用　离心机放置的高度应当使小个子工作人员也能够看到离心机内部，以正确放置十字轴和离心桶。

离心管和盛放离心标本的容器应当由厚壁玻璃制成，最好为塑料制品，并且在使用前应检查是否破损。

用于离心的试管和标本容器应当始终牢固盖紧（最好使用螺旋盖）。

离心桶的装载、平衡、密封和打开必须在生物安全柜内进行。

离心桶和十字轴应按重量配对，并在装载离心管后正确平衡。

空离心桶应当用蒸馏水或乙醇来平衡。盐溶液或次氯酸盐溶液对金属具有腐蚀作用，不可使用。

当使用固定角离心转子时，必须小心不能将离心管装得过满，否则会导致漏液。

应当每天检查离心机内转子部位的腔壁是否被污染或弄脏。如污染明显，应重新评估离心操作规范。

应当每天检查离心转子和离心桶是否有腐蚀或细微裂痕。

每次使用后，要清除离心桶、转子和离心机腔的污染。

使用后应当将离心桶倒置存放，使平衡液流干。

当使用离心机时，可能喷射出可在空气中传播的感染性颗粒。如果将离心机放置在传统的前开式Ⅰ级或Ⅱ级生物安全柜内，这些粒子由于运动过快而不能被生物安全柜内的气流截留。

④ 装有感染性物质安瓿的储存　装有感染性物质的安瓿不能浸入液氮中，因为这样会造成有裂痕或密封不严的安瓿在取出时破碎或爆炸。如果需要低温保存，安瓿应当储存在液氮上面的气相中。此外，感染性物质应储存在低温冰箱或干冰中。当从冷藏处取出安瓿时，实验室操作人员应当进行眼睛和手的防护。

（7）生物性废弃物管理　实验用一次性个体防护用品和实验器材，弃置的菌（毒）种、生物样本、培养物，被污染的废弃物应在实验室同一建筑内消毒灭菌，达到生物学安全后再按感染性废弃物收集处理。

实验用非一次性个体防护用品和实验器材，应放置在有生物安全标记的防漏袋中送至指定地点消毒灭菌后方可清洗。运送过程中应防止有害生物因子的扩散。

经生物无害化处理后的废弃物包装必须符合要求，并有中文标签，标签内容包括产生部门、日期、类别等。

实验废弃物最终处置必须交由经市环保部门资质认定的医疗废物处置单位集中处置。

## 第四节　实验室设备安全的危害识别和控制

实验室常用的设备有高压设备、高温设备、低温设备、高能设备、机械加工设备、辐射设备等。这些设备不但本身具有一定的风险属性，同时辐射设备及特种设备等还具有 EHS 合规性管理的要求。尤其是近年来，在我国实验室内高价值设备逐渐增多，对于设备管理提出了更高的要求。所以在使用这些仪器设备时必须针对不同的风险属性及管理要求，开展有针对性的全生命周期管理。实验室常用设备及引发的事故种类见表 9-4。

表 9-4　实验室常用设备及引发的事故种类

| 装置类型 | 事故种类 | 设备示例 |
| --- | --- | --- |
| 高压装置 | 中毒、窒息、火灾、爆炸等事故 | 加压气体钢瓶、高压灭菌锅 |
| 高温装置 | 烧伤、烫伤、触电、火灾等事故 | 马弗炉、烘箱 |
| 低温装置 | 冻伤、触电、火灾等事故 | 冷冻干燥机、超低温冰箱 |
| 高能装置 | 触电、辐射等事故 | 激光器、微波设备 |
| 高速装置 | 绞伤、触电事故 | 离心机 |
| 机械装置 | 绞伤、触电事故 | 机床、车床 |
| 大型仪器设备 | 辐射、灼伤、爆炸、触电、火灾等事故 | 冷冻电镜、核磁共振仪 |

## 一、近年来实验设备造成的事故案例

2015 年 4 月 5 日中午，某大学化工学院一实验室发生爆炸事故，致 5 人受伤，1 人抢救无效死亡。爆炸直接原因为实验加压气瓶装有甲烷、氧气、氮气的混合气体。气瓶内甲烷含量达到爆炸极限范围，开启气瓶阀门时，气流快速流出引起的摩擦热能或静电，导致瓶内气体反应爆炸。

2017 年某大学化学系一个约 100mL 的反应釜发生爆炸，导致一名三年级本科生左手大面积创伤，右臂贯穿伤骨折。

2018 年某大学一实验室在实验过程中发生爆燃。事故发生后，强烈的冲击波将实验室大门炸飞，玻璃碴更是到处都是，而当时身处实验室内的多名师生受伤。事发实验室采用了非标反应釜。

## 二、实验室设备风险管控的思路

以风险管控为核心，首先应强化设备准入验收管理，尤其是加强供应商的筛选，在我国发生的多起实验室气瓶事故中，均与购买不合格钢瓶有关；其次应加强人员培训体系建设，制定设备操作管理人员的培训矩阵计划，按照角色，确定培训内容及频率；最后应充分利用信息化及物联网技术，提升技防手段，构建新型的实验室设备风险防控体系。

以风险管控为核心的设备管理工作，应全面识别设备设施的 EHS 风险，并进行设备风险分级，确定需要重点管控的设备，以此为依据，策划设备设施完整性管理的方法、措施、工具、手段；以设备设施完整性管理为手段，对实验设备的采购、安装、日常使用和检查、维修、检验、变更、报废等全生命周期进行管理，以此明确学校（公司）、院系（部门）等各层级及设备使用人员的设备管理职责和人员能力等，并加强日常管理和监控的落实；对于一些已经长期不用的设备应及时进行报废处理。

## 三、实验室设备的用电管理

很多实验室设备都需要用电，因此在实验室设备管理中，必须对用电安全予以关注。常见的用电危害有：电击、高温、火灾、爆炸等伤害。电击是指电流通过人体而造成的伤害或者死亡。此外由于环境布置不当、电弧等，也会造成热量累积，甚至点燃周围的材料、可燃性粉尘或者易燃气体。

所有实验室设备采购、安装、使用、停用、报废环节均应注意用电安全，从而防止诸如火灾、爆炸和电击伤人等事故的发生。所有电力装置的安装和维护工作必须由符合资质要求的电工来实施。购买的电气设备，包括插头、电源适配器、接线板等，要确保该产品符合相应的国家安全标准。实验室设备电路应在设计之初做好规划，尽可能不要使用接线板。如果一定要用，接线板必须是安全的和经过认证的类型，禁止多个接线板串接使用。接线板不应该直接放在地面上，以避免被水淹。同时设备应做好接地和等电位连接。为防止意外的供电或断电导致设备异常运行带来的伤害，如电击、机械、化学和热反应等伤害，应建立相应的实验室设备上锁和挂牌制度。

## 四、实验室特种设备管理

特种设备，是指对人身和财产安全有较大危险性的锅炉、压力容器（含气瓶）、压力管道、电梯、起重机械、客运索道、大型游乐设施、场（厂）内专用机动车辆，以及法律、行政法规规定适用《特种设备安全法》的其他特种设备。国家对特种设备实行目录管理。特种设备目录由国务院负责特种设备安全监督管理的部门制定，报国务院批准后执行。实验室中常见的特种设备主要为各种压力容器和气体钢瓶。部分实验室还涉及压力管道和行车等设备。《特种设备安全法》对使用单位安全管理的基本要求如下：①应使用合法设备。②办理使用登记。③建立规章制度。④建立技术档案。⑤配备安全管理人员。⑥申报定期检验。⑦作业人员持证上岗。⑧定期维护保养和检查。⑨其他和专项要求：特种设备的使用应当具有规定的安全距离、安全防护措施。与特种设备安全相关的建筑物、附属设施，应当符合有关法律、行政法规的规定。

特种设备使用单位应当建立特种设备安全技术档案并妥善保管。安全技术档案应包括以下内容：①特种设备的设计文件、制造单位、产品质量合格证明、使用维护说明等文件及安装技术文件和资料。②特种设备的定期检验和定期自行检查的记录。③特种设备的日常使用状况记录。④特种设备及其安全附件、安全装置、测量调控装置及有关附属仪表的日常维护保养记录，经常检查安全附件运行情况，查看检查安全阀、压力表是否有效，有无按规定送检。安全阀每年至少校验一次，压力表每半年校验一次。新安全阀在安装之前，应根据压力容器的使用情况，送校验后，才准安装使用。必须保证安全报警装置灵敏可靠。⑤特种设备运行故障和事故记录。⑥特种设备使用单位必须将特种设备"安全检验合格"标志及相关牌照和证书固定在规定的位置上。并制定相应的管理制度、操作规程悬挂在合适的位置。"安全检验合格"标志超过有效期或未按规定取得安全检验合格证的特种设备不得使用。⑦使用单位必须指定专人负责特种设备的安全管理工作，安全管理人员应掌握相关的安全技术知识，熟悉有关特种设备的法规和标准，并履行以下职责：①检查和纠正特种设备使用违章行为。②管理特种设备技术档案。③编制常规检查计划并组织落实。④根据保养合同规定，对维修保养质量进行监督管理。

由于篇幅限制，本小节仅对实验室常见的加压气体钢瓶的管理进行阐述。

## 五、加压气体钢瓶管理

加压气体是指20℃下，压力等于或大于200kPa（表压）下装入储器的气体，或是液化气体、冷冻液化气体。加压气体包括压缩气体、液化气体、溶解气体、冷冻液化气体。

加压气体钢瓶具有物理危险。其盛装气体成分根据危险属性可以分为：窒息性气体、腐蚀性气体、深冷气体、可燃气体、惰性气体、氧化性气体、自燃气体、有毒有害气体。

加压气体钢瓶在安全管理过程中应分别注意存储和使用环节的安全。储存区域应干燥、阴凉、通风和照明条件良好；远离热源、明火或点火源，并控制存储区域温度；存储过程中应保持固定并佩戴瓶帽；存储过程中，应划定专门的钢瓶存储区域，用完的钢瓶应保留一定的余压，以防止空气中水分和污染物进入钢瓶。

钢瓶启用前应首先固定钢瓶，拆卸安全帽，然后检查钢瓶阀门螺纹是否有损坏、灰尘、油污或油脂。如果在氧气或其他氧化剂钢瓶的阀门上发现油脂，严禁使用，防止发生爆炸。大多数钢瓶阀门出口连接采用金属-金属密封，在指定位置使用垫片。不要在阀门螺纹上使用聚四氟乙烯胶带，胶带可能变成粉末并进入调压阀管道，造成调压阀失效。钢瓶长时间不使用的情况下应断开设备与钢瓶之间的连接，并重新安装瓶帽。

在钢瓶运输过程中，应妥善固定，防止它们倾倒或发生碰撞。使用有链条固定的钢瓶推车。不要运输连接有调压阀的钢瓶。不要在没有旋紧瓶帽的情况下运输钢瓶。在运输过程中应双手操作钢瓶推车。钢瓶推车不能用来存放钢瓶。

当大量使用加压气体时，也可以考虑集中供气系统。集中供气系统通过汇流排为多种用气点提供气体，这样可以有效地减少气瓶和阀门的数量，降低了钢瓶的更换频率，可以使气瓶的库存管理更加合理，对气瓶的使用将更加简单和高效。不同气体可以通过分区储存来增强安全性。

钢瓶的安全使用，除了参考我国现行的标准外，也可以参考 BCGA（British Compressed Gases Association）、CGA（Compressed Gases Association）、NFPA 306（Standard for the Control of Gas Hazards on Vessels）等导则和规范。

## 六、通风系统管理的要点

通风橱（柜）对于化学实验室来讲，是非常重要的一种工程控制手段，但是在我国目前的实验室中，对其正确选购及使用还存在着盲区。实验室的通风设计在进行工艺设计、建筑设计、区域总平面设计的基础上，应采取综合预防和治理污染物放散措施。通风系统的划分应根据实验或化验对象的危害程度、平面布置、运行操作等因素经技术经济比较后确定，并应采取防污染措施。通风系统的方式应根据工艺要求、实验设备使用条件、室内空气质量标准、实验室规模、平面布置、运行操作等因素确定。实验室、化验室应根据工艺要求设置通风系统，并应通过计算确定通风量。工艺无特殊要求时，根据《化工实验室化验室供暖通风与空气调节设计规范》，实验室通风量可按下列指标确定：处于工作状态的有污染物产生的实验室、化验室，最小换气次数不应低于 6 次/h；处于非工作状态的实验室，最小换气次数不宜低于 4 次/h。《化工采暖通风和空调调节设计规范》规定，化验室房间的最小换气量一般在 6～8 次/h。ASHRAE 规定，实验室内的整体换气次数应由下列风量决定：从局部排风设备或其他房间排风所排出的总风量；带走房间热负荷所需的制冷风量；最小换气次数需求。在使用情况下，实验室的最小换气次数应维持 6～10 次/h。放射性实验室、高氯酸实验室、二噁英实验室、汞实验室的通风系统应参照《化工实验室化验室供暖通风与空气调节设计规范》予以设计。

在采购及验收过程中可以参考如下标准：Fume cupboards. Type test methods（EN 14175-3：2019）、Methods of Testing Performance of Laboratory Fume Hood（ASHRAE 110—2016）、《实验室变风量排风柜》（JG/T 222—2007）、《排风柜》（JB/T 6412—1999）。通风柜除了考虑面风速外，还应加入泄漏率的考量。在通风系统设计的过程中，除了考虑通风橱的性能外，同时也要考虑室内的气流组织。

通风柜日常使用过程中应注意如下要点：①平时与操作时，均应尽量将柜门放低至 20～25 cm 以下。②平时与操作时，烧杯、装填化学品的容器、实验器械等尽量放置在柜内中央靠后方的区域。左、右侧壁附近与前方离柜门开口约 15 cm 内不要放置任何烧杯、装填化学品的容器、实检器械等。③烧杯、装填化学品的容器、实验器械等开口至少离工作面 15 cm 高。④开、关柜门时，速度要慢；操作实践时，手与身体的动作尽量放慢。⑤操作时，人要站后方一点，腹部、胸部离开门槛或柜门至少 10 cm；步入操作区及离开时，速度要慢；执行工作时不可将头探入通风柜内。⑥减少在柜前走动的机会，若必须在柜前走动，速度务必放慢。⑦柜门附近不得有电扇、冷气吹拂。尽量降低环境气流的速度，环境气流的速度最好小于 10cm/s。⑧通风柜不得安装在可以启闭门、窗附近。操作时，应减少门窗启闭的机会。⑨不要将通风柜作为储藏柜使用。若不得已要在柜内放或储藏（非实验室操作）盛有化学品的容器，则必须放置于左右靠近两侧墙后半段的角落，数量不要多。每年应对通风柜进行一次检定，以确保使用安全。

## 七、实验室设备管理部分标准目录

我国现有的法律、标准规范体系中，对特种设备及其他设备均做出了系列的规定，管理工作者在日常采购、准入、处置等管理过程中，应予以关注，确保设备管理的合规性，特别是一些通用的标准如 TSG 08—2017《特种设备使用管理规则》和 TSG R0006—2014《气瓶安全技术监察规程》等。

# 第五节  实验室常见操作个体防护建议

个体防护用品是最后一道防线，实验人员应尽可能采用工艺改良和工程控制方式控制个体暴露风险，并做好个体防护用品选择、维护保养，确保最后一道防线不失效。

个体防护用品的选择应根据实际实验活动过程中涉及的化学品、生物和设备的危害，结合本书第四章描述的个体防护装备的分类、定义及适用示例，决定呼吸、听力、眼面部及身体的防护要求。

本节列举常见实验室操作，针对不同操作类型提出个体防护建议。以下操作描述不能代表所有实验室操作情况，各高校科研机构实验不尽相同，以下建议仅供参考，如有操作方式不同应进行个体防护评估，选择合适的防护用品。

## 一、化学实验操作中个体防护建议

### 1. 强酸操作

实验室常会用到一些腐蚀性化学品，尤其是强酸，如浓硫酸、浓盐酸、硝酸等。这些强腐蚀性液体不仅有腐蚀性也有毒性，因此在使用这些强腐蚀性液体时，应尽可能使用通风设施，并做好个体防护。

个体防护建议如表 9-5 所示。

表 9-5  强酸操作时的个体防护建议

| 种类 | 防护建议 |
| --- | --- |
| 呼吸防护 | 全面具/半面具＋酸性气体防护滤盒 |
| 眼面部防护 | 全面具(已包含眼部防护功能)/护目镜/面屏 |
| 手部防护 | 复合膜手套(遵循供应商手套防化数据表) |
| 身体防护 | 化学防护服或防化围裙(遵循供应商防化服/围裙数据表) |
| 足部防护 | 防化鞋套(遵循供应商防化鞋数据表)/安全鞋 |

### 2. 氢氟酸操作

除去上述几种常用强酸外，实验室还有可能用到一种特殊的强酸——氢氟酸。氢氟酸因其强刺激性及骨损害特性应特别予以关注。

建议在实验区域配置氢氟酸应急处理用品，氢氟酸操作尽可能避免与皮肤接触，如不慎沾染应立即处理。氢氟酸操作时的个体防护建议见表 9-6。

表 9-6　氢氟酸操作时的个体防护建议

| 种类 | 防护建议 |
| --- | --- |
| 呼吸防护 | 全面具/半面具＋氢氟酸防护滤盒 |
| 眼面部防护 | 全面具(已包含眼部防护功能)/护目镜/面屏 |
| 手部防护 | 复合膜手套(遵循供应商手套防化数据表) |
| 身体防护 | 化学防护服或防化围裙(遵循供应商防化服/围裙数据表) |
| 足部防护 | 防化鞋套(遵循供应商防化鞋数据表)/安全鞋 |

**3. 碱缸操作**

实验室碱缸用于玻璃容器浸泡清洗。配制碱缸通常会用到强腐蚀性的氢氧化钠，在配制及浸泡清洗过程中可能因操作导致碱液溅出，应做好呼吸道、眼睛及皮肤防护。碱缸操作时的个体防护建议见表 9-7。

表 9-7　碱缸操作时的个体防护建议

| 种类 | 防护建议 |
| --- | --- |
| 呼吸防护 | 全面具/半面具＋有机蒸气防护滤盒(如清洗容器涉及其他化学品需重新评估呼吸防护用具) |
| 眼面部防护 | 全面具(已包含眼部防护功能)/护目镜/面屏 |
| 手部防护 | 丁腈橡胶手套(丁腈橡胶手套对氢氧化钠及乙醇有较好防护性,如接触其他化学品需针对接触化学品遵循供应商手套防化数据表选择具体型号) |
| 身体防护 | 化学防护服或防化围裙(遵循供应商防化服/围裙数据表) |
| 足部防护 | 防化鞋套(遵循供应商防化鞋数据表)/安全鞋 |

**4. 常规合成操作**

有机合成反应主要有投料、反应、旋蒸等操作，其中常用溶剂有四氢呋喃、氯仿、二氯甲烷、甲醇、丙酮、苯、甲苯、二甲苯等。溶剂危害性主要有毒性、刺激性及易燃性，应做好呼吸道、眼睛及皮肤防护。常规合成操作时的个体防护建议见表 9-8。

表 9-8　常规合成操作时的个体防护建议

| 种类 | 防护建议 |
| --- | --- |
| 呼吸防护 | 如有吸入风险,需针对实验化学品选择相应呼吸器及有防护能力的滤盒 |
| 眼面部防护 | 护目镜 |
| 手部防护 | 一次性手套(需参考供应商防化数据表) |
| 身体防护 | 阻燃实验服 |
| 足部防护 | 防化鞋套(遵循供应商防化鞋数据表)/安全鞋 |

## 5. 分析仪器操作

分析仪器操作也会用到化学品,如二氯甲烷、三氯甲烷、乙腈、盐酸等,个体防护也不能忽视。分析仪器操作时的个体防护建议见表9-9。

表 9-9　分析仪器操作时的个体防护建议

| 种类 | 防护建议 |
| --- | --- |
| 呼吸防护 | 如有吸入风险,需针对实验化学品选择相应呼吸器及有防护能力的滤盒 |
| 眼面部防护 | 护目镜/安全眼镜 |
| 手部防护 | 一次性手套(需参考供应商防化数据表) |
| 身体防护 | 实验服 |
| 足部防护 | 无足部皮肤暴露的鞋 |

## 6. 硅胶柱制备

有机合成实验后常会使用硅胶柱进行柱色谱分析,在制备硅胶柱的过程中可能会有硅胶粉末吸入风险,应尽可能在通风橱内或排气罩下进行制备工作,并做好呼吸防护。硅胶柱制备操作时的个体防护建议见表9-10。

表 9-10　硅胶柱制备操作时的个体防护建议

| 种类 | 防护建议 |
| --- | --- |
| 呼吸防护 | 如有吸入风险,建议佩戴 N95/KN95/FFP2 以上口罩或呼吸面具组合 |
| 眼面部防护 | 安全眼镜 |
| 手部防护 | 一次性手套(需参考供应商防化数据表) |
| 身体防护 | 实验服 |
| 足部防护 | 无足部皮肤暴露的鞋 |

## 7. 放射性同位素操作（丙级）

同位素示踪等操作中可能接触放射性同位素,有潜在放射性、毒性等健康风险。放射性同位素操作时的个体防护建议见表9-11。

表 9-11　放射性同位素操作时的个体防护建议

| 种类 | 防护建议 |
| --- | --- |
| 呼吸防护 | 建议在通风橱内操作,如有吸入风险再评估呼吸防护用具选用 |
| 眼面部防护 | 护目镜 |
| 手部防护 | 一次性手套(需参考供应商防化数据表) |
| 身体防护 | 抗静电处理的防护服 |
| 足部防护 | 鞋套 |

## 二、生物实验操作中个体防护建议

### 1. 微生物实验室常规操作

微生物实验室常见操作有微生物接种，血清分离，离心机操作，移液管和移液辅助器的使用，培养箱使用，标本操作，匀浆器、摇床、搅拌器和超声处理器使用，组织研磨等。在这些操作中可能会产生气溶胶，带来吸入风险。微生物实验室常规操作时的个体防护建议见表 9-12。

表 9-12　微生物实验室常规操作时的个体防护建议

| 种类 | 防护建议 |
| --- | --- |
| 呼吸防护 | 如有吸入风险,建议佩戴 N95/KN95/FFP2 以上口罩或呼吸面具组合 |
| 眼面部防护 | 安全眼镜 |
| 手部防护 | 一次性手套 |
| 身体防护 | 实验服 |
| 足部防护 | 无足部皮肤暴露的鞋 |

### 2. 动物实验

动物实验常见的有动物喂养与给药、绑定与麻醉、解剖与取材、动物处死与尸体处理、动物排泄物处理及垫料更换。这些操作中可能有的还会产生气溶胶、粉尘等危害。动物实验操作时的个体防护建议见表 9-13。

表 9-13　动物实验操作时的个体防护建议

| 种类 | 防护建议 |
| --- | --- |
| 呼吸防护 | 如有吸入风险,建议按实际接触危害物做风险评估,选择呼吸防护用品 |
| 眼面部防护 | 护目镜 |
| 手部防护 | 一次性手套(考虑更厚的一次性手套防护咬伤及穿刺风险) |
| 身体防护 | 实验服 |
| 足部防护 | 无足部皮肤暴露的鞋 |

### 3. 消毒操作

微生物实验结束后需要进行消毒灭活，常用消毒剂次氯酸钠溶液、戊二醛、过氧化氢、乙醇等进行废液消毒及表面消毒。消毒操作时的个体防护建议见表 9-14。

表 9-14　消毒操作时的个体防护建议

| 种类 | 防护建议 |
|---|---|
| 呼吸防护 | 如有吸入风险,建议按实际接触危害物做风险评估,选择呼吸防护用品 |
| 眼面部防护 | 护目镜/安全眼镜 |
| 手部防护 | 化学防护手套(需针对接触化学品遵循供应商手套防化数据表选择具体型号) |
| 身体防护 | 实验服 |
| 足部防护 | 无足部皮肤暴露的鞋 |

## 三、特种设备及特殊操作中的个体防护建议

### 1.灭菌锅操作

微生物实验室因灭菌消毒需要,需要使用灭菌锅进行生物性废物或实验用品灭菌。可能存在的风险有高温和高压,应相应做好个体防护。灭菌锅操作时的个体防护建议见表 9-15。

表 9-15　灭菌锅操作时的个体防护建议

| 种类 | 防护建议 |
|---|---|
| 呼吸防护 | 不需 |
| 眼面部防护 | 安全眼镜 |
| 手部防护 | 高温防护手套 |
| 身体防护 | 实验服 |
| 足部防护 | 防砸安全鞋 |

### 2.气瓶操作

实验室常用气体有氮气、二氧化碳、氧气等,在气瓶搬运、气瓶与仪器设备连接时应注意高压和低温。更多气瓶使用及存储安全参考本章第四节。气瓶操作时的个体防护建议见表 9-16。

表 9-16　气瓶操作时的个体防护建议

| 种类 | 防护建议 |
|---|---|
| 呼吸防护 | 如有有毒有害气体吸入风险,建议半面具;根据瓶内气体选择对应滤盒 |
| 眼面部防护 | 安全眼镜 |
| 手部防护 | 防滑机械防护手套 |
| 身体防护 | 实验服 |
| 足部防护 | 防砸安全鞋 |

### 3. 液氮操作

微生物实验常用液氮进行样品保存，实验人员可能需要灌装液氮至杜瓦罐中，在此过程中可能会因液氮造成低温冻伤、窒息等风险。

建议工作现场安装氧气气体检测仪（报警器）或操作人员佩戴个体氧气检测仪。液氮操作时的个体防护建议见表 9-17。

**表 9-17 液氮操作时的个体防护建议**

| 种类 | 防护建议 |
|---|---|
| 呼吸防护 | 一般无呼吸防护要求,特殊应急操作需要使用自给式空气呼吸器 |
| 眼面部防护 | 防护面屏,同时佩戴安全眼镜 |
| 手部防护 | 高性能防冻手套（遵循供应商建议,有液氮相关操作防护功能） |
| 身体防护 | 防护服或防护围裙（遵循供应商建议,有液氮相关操作防护功能） |
| 足部防护 | 防化靴 |

## 四、废弃物处理操作中个体防护建议

实验室废弃物收集及转运过程因实验量较大，混合物种类多，应特别注意在倾倒、转运、存储中可能发生的泼溅、燃烧等风险。废弃物处理操作中个体防护建议见表 9-18。

**表 9-18 废弃物处理操作中个体防护建议**

| 种类 | 防护建议 |
|---|---|
| 呼吸防护 | 如有吸入风险,建议按实际接触危害物做风险评估选择呼吸防护用品 |
| 眼面部防护 | 护目镜（如果呼吸防护用品已选用全面具,则不需再重复考虑眼面部防护） |
| 手部防护 | 内层复合膜手套(多种化学品防护能力),外层丁腈橡胶防护手套（需针对接触化学品遵循供应商手套防化数据表选择具体型号） |
| 身体防护 | 化学防护服或防化围裙（遵循供应商防化服/围裙数据表） |
| 足部防护 | 防化靴 |

个体防护用品在使用之前需按照供应商建议充分了解正确使用与维护的方法，确保能正确使用与维护。滤毒盒使用完毕后一般建议密封保存，其他个体防护用品建议在清洁、干燥的个体防护用品存放处存放。部分限次使用的防护用品，如颗粒物防护口罩、泡棉耳塞等清洗会降低或丧失原有的防护能力，需遵照供应商建议进行更换。以上内容中提到的个体防护用品常见类别、选用原则请参考本书第四章第三节。

# 第六节　实验室应急响应及救援

> **案例**
>
> 　　桑吉，23 岁，是一名化学研究助理。在一次实验中，她使用了叔丁基锂（叔丁基锂不仅遇到空气就会自燃，而且在潮湿的环境下会产生极易燃的气体），由于不规范操作导致暴露在空气中发生了自燃。更糟糕的是，慌乱中实验室内开瓶的己烷也被打翻了，立即被点燃。桑吉的衣服也顺势被点燃。但是她没有想到使用就近的安全淋浴。火情的第一响应者试图用实验室外套来扑灭火灾，但不幸的是，外套也被点燃，然后才用附近水槽里的水灭火。
>
> 　　桑吉于事发两周后重伤不治去世。

　　从上述案例中可以发现，在事故发生后，合理的实验室应急响应和救援十分重要。如果说事故发生前是极力避免事故的发生，那么事故发生后就是要尽量把事故对人员和财产造成的损害降到最低。实验室作为一个特定的工作环境，因其实验本身的未知性、探索性、创新性的特点，存在事故多发的隐患，如果应对不当，就有可能引起次生灾害，造成更大的危害。

　　实验室的应急救援及响应，主要针对科研实验过程中、实验室范围内的各类突发事件进行管理。从应急管理的角度，实验室场所、设施、岗位及危害情景都相对具体，因此可以此制定有针对性、简单有效的现场处置方案，从而控制事故的扩大，消减事故危害以及对教学科研工作造成的影响。

## 一、实验室危险因素分析

　　实施应急响应及救援，首先要求我们对于区域内可能存在的危害因素进行充分的识别。本书第二章及第九章的第一节，已经针对风险评估和危害识别进行了介绍。从实验室的设备设施、实验物料的层面，可以有效地对危害因素进行识别。实验室常见危害因素见表 9-19。

表 9-19　实验室常见危害因素

| 危害类别 | 危害因素分析 | 危险、危害场所 |
| --- | --- | --- |
| 化学物品伤害 | 化学实验、生物实验及测试过程中的化学品伤害 | 化学实验室、生物实验室、测试实验室及废弃物储存区 |
| 实验用气体 | 窒息性气体、毒性气体、易燃易爆气体、氧化性气体 | 实验室、气瓶间 |
| 生物危害 | 感染性物质、气溶胶 | 生物实验室、废弃物储存区 |

| 危害类别 | 危害因素分析 | 危险、危害场所 |
|---|---|---|
| 火灾 | 因电气短路、过载、乱扔烟头发生火灾，动用明火、电焊、气焊、气割等引起火灾 | 实验及辅助设施场所、办公生活场地 |
| 触电 | 使用各类电气设备触电，因电线老化、破皮又无开关箱等触电，维修时带电操作、私拉私接电线、违章用电引起的触电 | 实验室、设备设施施工场地、办公生活场地 |
| 放射性危害 | 放射性同位素实验、射线装置操作存在放射性危害 | 放射性同位素实验室、放射性废物储存间、射线装置操作间 |
| 危险废弃物危害 | 危险废弃物中易燃品、有毒品、腐蚀品、生物制品危害 | 实验室、废弃物收集间 |
| 机械伤害 | 电动、气动设备的传动部件、转动部件 | 实验室、产品应用测试区 |
| 其他 | 破损玻璃仪器、脏乱地面等的危害 | 实验室、办公生活场地 |

## 二、实验室应急能力建设

在充分进行危害识别后，针对具体的设备设施、实验场景、物料类别制定响应的应急处置措施，最终形成现场处置方案。所谓应急能力，是指应急队伍参照现场处置方案，根据现场实际情况合理使用应急资源进行应急响应和救援的能力。应急能力的建设，亦即以现场处置方案为基础，合理规划实验室布局、设置并维护应急资源、通过训练提升应急队伍的响应水平。

### 1. 现场规划

建筑布局和现场环境对于应急响应和救援的影响尤为重要。各实验操作岗位应根据实际需求留出充足的操作区域，避免因空间限制造成的操作动作变形进而导致事故发生。即使发生诸如化学品泄漏的事故也能够降低向其他区域扩散的速度，便于应急响应和救援。

整洁有序、道路畅通的现场环境能够确保应急疏散的效率。在实验室平面布置及房间功能设置时，也应尽可能避免在靠近逃生通道、逃生出口的区域放置危险化学品和大型设备。在日常管理层面，针对紧急出口有如下检查要求：

（1）确认安全出口前无障碍物；

（2）检查以确保安全出口没有上锁；

（3）确保安全通道空间足够且无障碍物；

（4）确认安全通道照明充足并提供指示牌。

### 2. 应急资源

不同的突发事件情景有其对应的应急资源（包括物资和设施设备），应急资源合理配置对应急救援顺利开展至关重要。

以化学品泄漏事故为例。泄漏发生后，处置人员需佩戴合适的个体防护用品，并使用吸附棉等泄漏处置物资吸附泄漏的化学品。但是对于不同的化学品，适用的个体防护用品类型及吸收棉的材质是不同的。特别是那些氧化剂、与水反应的物质，需要根据兼容性来决定。

以火灾事故为例，救援人员在进入现场前应穿戴好合适的个体防护用品，并利用气体检测设备检测现场可燃气体浓度及有毒有害气体浓度。进行灭火操作时，要选择合适灭火器材，如灭火毯、消火栓、灭火器、消防桶等。

应急资源有不同的分类，如泄漏处置物资，个体防护用品，检测仪器，消防灭火器材，紧急喷淋，洗眼器。针对具体突发事件场景所需的应急物资类别和数量，都需要在现场处置方案中明确。常见应急资源配置及维护要求见表9-20。

表9-20 常见应急资源配置及维护要求

| 事故类型 | 常用应急资源 | 基本维护要求 |
|---|---|---|
| 化学品泄漏 | 吸附棉、抹布、黄沙、废液桶<br>个体防护用品 | 确保良好的密封性和有效性<br>依据物料性质配备 |
| 化学品灼伤 | 紧急喷淋、洗眼器<br>专用清洗液 | 水质清洁、水量充足、周边无遮挡<br>依据物料性质配备（如 HF 灼伤） |
| 火灾 | 灭火器、消火栓、灭火毯<br>个体防护用品 | 依据火灾类别配置对应种类的灭火剂<br>定期检查有效性和完好性 |
| 触电 | 带电设备一机一闸<br>设置漏电保护 | 定期检验电路完好性<br>测试漏电开关有效性 |
| 有毒气体、气溶胶泄漏 | 中央通风系统<br>个体防护用品 | 定期检查运行情况 |
| 刺伤、割伤、机械伤害 | 医用纱布、创可贴、消毒剂（涉及微生物感染危害） | 定期检查有效性和完好性 |
| 心源性猝死 | 自动体外除颤器（AED） | 定期检查有效性和完好性 |

### 3. 应急队伍

一切的应急响应及救援工作，都离不开专业且训练有素的应急响应团队。本书第八章对各级政府和企业层面的应急响应体系进行了介绍。实验室所涉及危害因素复杂，但事故波及范围与生产企业相比较小。与生产现场的应急响应不同，实验室范围内一旦发生突发事件通常不会涉及多部门多团队协作处置，而是由实验操作人员直接进行初期响应及救援。及时的应急处理能够有效地将突发事件影响范围控制在实验区域内。

对于实验操作人员来说，需要充分辨识自身所属区域内的危害因素，并能够依据既定现场处置方案及现场的实际情形进行有效的应急响应和救援。达到上述水平需要充分进行针对性培训和训练。模拟真实的突发事件并进行实战演练尤为重要。

### 三、实验室常见应急响应及救援措施

实验室可能发生的事故有：火灾、化学品暴露、人员受伤、失控反应、窒息性气体泄漏等，潜在生物危害性物质感染。这一节我们已经从危害识别和应急能力建设两个角度向大家做了实验室应急响应及救援的说明，下面将列举几种常见实验室事故类型并就应急措施做具体介绍。

#### 1. 实验室火灾事故应急响应及救援

如前所述，在应急能力建设层面，需要根据实验室内可能发生的火灾类别制定相应的现场处置方案，并配备合适的消防灭火资源。根据燃烧物的类型和燃烧特性，火灾分为 6 类，详情见表 9-21。

表 9-21　火灾分类表

| 火灾类别 | 解释 |
| --- | --- |
| A（固体物质火灾） | 指固体物质燃烧，如木材、棉、毛、麻、纸张等引发的火灾 |
| B（液体或可熔化的固体火灾） | 指液体和可熔化的固体物质火灾，如煤油、柴油、原油、甲醇、乙醇、沥青、石蜡等引发的火灾 |
| C（气体火灾） | 指气体火灾，如煤气、天然气、甲烷、乙烷、丙烷、氢气等引发的火灾 |
| D（金属火灾） | 指金属火灾，如钾、钠、镁、铝、铝镁合金等引发的火灾 |
| E（带电火灾） | 指带电火灾，物体带电燃烧的火灾 |
| F（烹饪引发的火灾） | 指厨房油烟引发的火灾 |

（1）火灾响应救援策略　对于大多数人来说，并不具备灭火的能力。一旦出现火灾，没有经验的人会慌张，且易燃化学品燃烧的速度远远超出想象。因此，到底是先灭火还是先撤离再报警，需要看自身情况和现场情况而定。

实施灭火需要具备以下条件：

① 火势尚未开始蔓延；

② 附近有灭火器；

③ 灭火器型号合适；

④ 背后就有出口；

⑤ 受过良好培训。

当出现以下情况时，应选择先撤离再报警：

① 火势已经开始蔓延；

② 附近没有灭火器；

③ 灭火器型号不合适；

④ 火处于人与出口之间；

⑤ 直觉告诉要离开。

（2）灭火器的使用　在火灾发生初期，通常选用灭火器进行灭火。灭火器类

型主要有水/水型灭火器、泡沫灭火器、干粉灭火器、卤代烷灭火器、二氧化碳灭火器等。从适用场景考虑，实验室内常见灭火器为干粉式灭火器与二氧化碳灭火器。

必须注意，下列物质不能用水扑救：

① 带电设备火灾不能用水直接扑灭，因为可能触电或者对电气设备造成极大损害。

② 碱金属（钾、钠等）发生火灾时不能用水扑救，因为水与碱金属作用后生成大量的氢气，易引起爆炸。

③ 碳化钙（电石）火灾不宜用水扑救，会反应生成乙炔气，有引起爆炸的危险。

④ 三酸（硫酸、硝酸、盐酸）不宜用强大水流去扑救，因为能引起酸的飞溅、爆炸和伤人，必要时可用喷雾水扑救。

⑤ 密度小于水的易燃液体从原则上说不可以用水扑救，但原油、重油等可以用喷雾水扑救，还有一部分能溶解于水的可燃液体也可以用喷雾水稀释（如乙二醇等）。

⑥ 熔化了的铁水、锅水不能用水扑救，因为在高温情况下能使水迅速蒸发并分解出氢和引起爆炸。

**2. 化学品泄漏事故应急响应及救援**

实验室会使用和储存多种不同性质、状态的化学品。使用化学品的过程中因仪器破损、操作不当可能会造成化学品泄漏。针对不同的泄漏场景、泄漏化学品的特性会有特定的处置方案。在确保自身安全的情况下，控制泄漏源、收集泄漏物、清理现场是常见的处置流程。

（1）化学品事故响应救援策略 对发生泄漏的化学品实施控制，只有在知晓化学品危害性的情况下才能进行！并确保操作人员有合适的物资并经过培训。当出现以下情况时，应紧急撤离并汇报：

① 有立即的火灾/健康威胁；

② 已经有人员产生了火灾暴露的症状；

③ 影响波及可燃物质、有毒物质、反应物质。

（2）化学品泄漏处置 在实施泄漏控制时，需：

① 知会相关人员，隔离现场区域；

② 评估清理泄漏的能力；

③ 找到合适的清理工具；

④ 穿戴合适的 PPE；

⑤ 防止泄漏物进入水池、下水道；

⑥ 收集并标记泄漏物品，以做专业处理；

⑦ 汇报。

如果出现化学品暴露的情况，应当：

① 立即请求帮助；

② 其他人员迅速离开现场；

③ 带领受伤人员去紧急喷淋、洗眼器。

（3）紧急喷淋和洗眼器使用　一旦泄漏的化学品飞溅接触到实验人员的眼睛、皮肤，应当尽快按照现场处置方案的要求进行洗消处理。最常见的措施是使用紧急喷淋和洗眼器对眼睛和皮肤进行清洗。

洗眼器使用步骤为：

① 使用拇指和食指撑开眼睑，确保眼睑后面有效地冲洗干净；

② 当水触碰眼睛时会闭上眼睛，但这将阻止水冲洗出化学物质，眼皮一定要睁开；

③ 从眼睛的外部边缘到内部清洗，这将有助于避免将化学物质冲回眼睛；

④ 水或眼液不应直接对准眼球，而应对准鼻子底部；

⑤ 水流的速度必须使眼睛免受伤害。

紧急喷淋的使用步骤为：

① 拉下手柄；

② 脱去受污染的衣物；

③ 大量流动水冲洗至少 15min。

**3.感染性物质泄漏**

在具有生物危害的实验室内，实验过程中会使用或涉及感染性物质。因仪器破损或操作不当导致感染性物质泄漏，可能造成人员暴露。

（1）容器破碎及感染性物质的溢出

① 立即用布或纸巾覆盖受感染性物质污染或感染性物质溢洒的破碎物品；

② 覆盖后倒上消毒剂并使其作用适当的时间；

③ 将布和纸巾以及破碎物品清理掉，后用消毒剂擦拭污染区域；

④ 如使用簸箕清理破碎物，应当对其进行高压灭菌或放在消毒液内浸泡；

⑤ 用于清理的布、纸巾等放在专用废弃物容器内；

⑥ 操作过程佩戴个体防护用品。

（2）潜在危害性气溶胶的释放

① 所有人员立即撤离相关区域，暴露人员接受医学咨询；

② 立即通知实验室负责人和生物安全官员；

③ 一定时间内严禁人员入内，如果实验室内没有中央通风系统，推迟至24h 后进入；

④ 张贴"禁止进入"的标志；

⑤ 一定时间过后清除污染；

⑥ 清除污染过程佩戴个体防护用品。

### 4. AED 使用

AED 全称 Auto mated External Defibrillator，即自动体外除颤器，是一种轻型便捷式计算机化设备。它能够识别需要电击的异常心律，并且给予电击除颤，是可被非专业人员使用的用于抢救心源性猝死患者的医疗设备。如果患者没有反应且没有正常呼吸，就应该立即开始心肺复苏，并尽快给患者使用 AED。

AED 使用需要专业培训。这里我们简单介绍 AED 的使用方法：

（1）打开包装，开启 AED；

（2）按照语音提示，连接电极片；

（3）AED 开始自动分析心律，急救人员要离开患者（语音提示：不要接触患者，正在分析患者心律）；

（4）根据分析的结果，有建议电击和不建议电击两种情况；

（5）如果分析结果为建议电击，在确保任何人不接触患者后，按下电击按钮，电击完成，立即胸外按压开始心肺复苏。

所有应急救援行为，首先建立在执行人经过充分训练且对现场情况有足够把握的前提下，方能进行。对于缺乏经验、训练的人员，出于以人为本、生命至上的原则，面对突发情况时能够做好撤离与汇报，即为最基本的要求。

## 思考题

1. 实验室安全管理和企业工厂的安全管理有哪些共性和不同点？

2. 典型的实验室危害包括哪些？

3. 请简述化学品安全技术说明书（SDS）16 部分的主要内容。

4. 生物危害风险评估及控制可以从哪些角度着手？

5. 请简述通风橱日常使用注意事项。

6. 请简述洗眼器及应急喷淋的使用步骤。

## 参考文献

［1］ 突发！北京交通大学实验室爆炸起火，消防正全力处置. 北京日报，2018.

［2］ GB 13690—2009. 化学品分类和危险性公式　通则.

［3］ GB 30000. 2～29—2013. 化学品分类和标签规范.

［4］ GB 15603—1995. 常用化学品贮存通则.

［5］ WHO. Biosafety Manual, 2004.

［6］ Biosafety in Microbiological and Biomedical Laboratories (BMBL). CDC-USA, 2009.

［7］ GB 19489—2008. 实验室生物安全通用要求.